躲在蚊子
后面的大象

IN JEDER MÜCKE STECKT EIN ELEFANT
WARUM WIR UNS NICHT GRUNDLOS ÜBER KLEINIGKEITEN AUFREGEN

〔德〕恩斯特弗里德·哈尼希　〔德〕爱娃·温德勒　著
Emstfried Hanisch　　　　　　Eva Wunderer
〔奥〕杨丽　〔奥〕李鸥　译

台海出版社

引起情绪的不是蚊子，
而是躲在后面的那头大象。

日常生活中有许多让我们生气的小事，他人的批评指责、自己的问候没有得到回应、演讲时手机铃声突然响起等。但这些真的只是小事吗？没有人会无缘无故地大动肝火，当我们去寻找引起愤怒的真正原因时，很快就会发现：当基本的心理需求，如被尊重、独立自主和安全感受到威胁甚至侵犯时，我们的幸福基石就会动摇，身体和大脑就会自发启动应对机制。心理治疗师恩斯特弗里德·哈尼希（Ernstfried Hanisch）通过生动的实例向我们展示了该如何应对突然爆发的情绪，并让自己重新恢复内心的平静。本书通过一系列自我测试让我们能够了解自己的需求并认识到哪些需求受到了忽视，同时作者也巧妙地设计了一些练习来帮助我们处理不悦情绪，并理解情绪背后的意义，最终找到摆脱困境的方法。

序　言

　　有时候，一件芝麻绿豆般的小事就足以让我们恼火：一只蚊子在黑暗中嗡嗡作响，我们挥舞手臂一通乱赶，甚至耳光打到了自己的脸上，无奈之余我们不得不起身开灯，去搜寻这个讨厌的小东西。就像这只蚊子一样，日常生活中小小的困扰、误解、摩擦不断袭来，让我们无法摆脱，而我们的怒火也是一触即发。这时候，类似"不要小题大做"的忠告根本无济于事。

　　因小事而生气，我和我身边的人都有过类似经历，这也是我在为客户提供心理咨询时经常涉及的一个问题。值得注意的是，大多数人只希望在这样的时刻保持冷静，很少有人会考虑他们生气的原因，或者更为形象地说，打开灯去寻根溯源。他们更多的是对自己的敏感感到恼火。

　　然而，通过精神分析的认知和最新的行为疗法（认知行为疗法、模式疗法、情绪焦点疗法、策略行为疗法），我们可以看到在所谓的小事和由此引起的情绪中蕴含着深层次的意义，我从我的心理治疗工作和日常观察中选择了一些故事来阐明它们之间的联系。我对这些故事中一些无关的细节进行了删改，一方面排除了对具体人物的推断，另一方面又保证了内容的真实可靠。

　　最后，说一下为什么要写这篇修订版序言（本书首次出版时间是 2009 年）。主要是因为我的很多患者、朋友、熟人和同行积极反馈，这本书对他们很有帮助，同时也给我提出了改进的建议，对此我非常感激。我特别希望将一些段落写得更加具体，更容易理解。这主要涉及第五章，这一章汇总了你在阅读中获得的认知（我希望如此），并描述了解决相关问题的方法。亲爱的读者们，我希望这些内容能对你有所帮助，为你的生活带来正向的改变。

恩斯特弗里德·哈尼希

目录

第一章
关于蚊子和大象

小事造成的压力：四个小故事 — 003

　无端的指责——丽莎的故事　— 003

　车辆并未受损——斯特凡的故事　— 004

　常常为袜子而烦恼——安娜和彼得的故事　— 005

　假期间的坏心情——塞巴斯蒂安的故事　— 006

一个人眼中的蚊子可能是他人眼中的大象 — 008

　看得见的原因和隐藏的原因　— 010

　个人化处理模式：蚊子如何变成了大象　— 012

　受挫的基本需求：大象般的后果　— 013

　袜子里的大象：关于夫妻矛盾的一个例子　— 015

本书能带给你的收获 — 019

第二章
搜寻对象：
隐藏的大象

正向发展的基石：满足基本需求 － 026

从安全感到自主决定：需求层次 － 028

我们若能得到所需要的一切，那该有多好啊 － 031

抵达巅峰：独立的成年人 － 034

需求受挫：大象的产生 － 037

MEA 公式：这几个字母代表着蚊子、大象和情绪激动 － 040

生活经历及其痕迹：七种典型的大象 － 049

大象一："我害怕失去呵护"（丽莎的大象） － 050

大象二："我没有受到尊重"（斯特凡的大象） － 053

大象三："我无法划定自己的界限"（彼得的大象） － 056

大象四："我渴望得到重视和尊重"（安娜的大象） － 060

大象五："我感到格格不入"（塞巴斯蒂安的大象） － 065

大象六："我总是不得不退让"（西比莉、保罗和安妮特的大象） － 070

大象七："没有人在乎我"（马库斯的大象） － 077

第三章

追踪痕迹：
你了解自己的基本需求吗？

生活质量对你意味着什么？ – 086

你在生活中真正需要什么？ – 089

稳定的人际关系 – 091

被重视和受关注 – 094

平等待遇和公平 – 097

情欲和性欲 – 100

安全感 – 103

好奇心 – 106

独立自主 – 109

你的需求清单：你对自己的生活满意吗？ – 112

你如何分配你的时间和精力？期望与现实 – 115

第四章
找出你的大象

你的大象：如何找出通往大象的途径？ – **124**

途径 1：蚊子 – 124

途径 2：激动情绪 – 127

途径 3 和途径 4：痛点和自我保护程序 – 128

途径 5：自我形象与他人形象 – 136

途径 6：生活经历 – 146

第五章
重获内心平衡的
途径

不再害怕被叮咬，更加从容地应对蚊子 – **155**

重视基本需求：用适当的解决方式取代过去的自我保护程序 – **161**

检查根深蒂固的观念 – 163

更好地解决问题的方案 – 165

我们如何看待自己和他人 – **169**

意识到自己的长处并充分利用它 － 171

迈向未来的一步 － **178**

善意回顾 － 178

追忆快乐的童年时光 － 179

关注自己内心受伤的小孩 － 181

不再追究责任 － 185

稳定内在平衡：强化你的个性 － **188**

需求总结：改善平衡的可能性 － 188

七头大象是很好的向导 － **195**

1. 寻求安全感还是坚持自我？（丽莎的需求四方形） － 195

2. 受人尊重还是自我尊重？（斯特凡的需求四方形） － 197

3. 坚持独立自主还是选择相互支持？（彼得的需求四方形） － 199

4. 讨好他人还是做自己？（安娜的需求四方形） － 201

5. 归属其中还是保持独立？（塞巴斯蒂安的需求四方形） － 203

6. 公平高于一切还是追求自身的利益？（西比莉的需求四方形） － 204

7. 独自应对还是依赖他人？（马库斯的需求四方形） － 206

把自己的大象作为有用的向导 － 208

更好地分配精力和时间，去做让你真正感到满足的事情 － **223**

致谢 － **231**

这几天你一直对我板着脸。

你大概觉得，

我应该问问你，

是哪只蚊子叮咬了你。

——约翰·沃尔夫冈·冯·歌德

关于蚊子和大象

没有人会毫无缘由地因小事而生气，因为没有一种情绪是突然爆发的。当然让我们不快、愤怒或陷入沉默的事情往往很狡猾。很多时候我们只看到了蚊子，然而它的刺可能会触及我们内心的更深层面。比如，一个敏感点可能是在过去的某个时刻，因某些较小或较大的心灵创伤而形成的。

接下来分享四个小故事。故事的主人公们突然间受到不愉快情绪的袭击，他们很难理解和摆脱这种情绪状态。这导致了多重沮丧：他们自己感觉不好，得不到理解，不知道这些事件之间有什么内在关系，无法控制自己的情绪反应。

小事造成的压力：四个小故事

无端的指责——丽莎的故事

丽莎和丈夫住在一套出租公寓内，他们与邻里关系和睦。有一天晚上十点了，她的丈夫还没有回家。丽莎正准备上床睡觉，突然门铃响了起来，声音刺耳且紧迫。惊吓之余，她不知所措地打开了门。一位邻居情绪激动地站在她面前，劈头盖脸地一通责备："都几点了，你竟然还在用电钻！"

"我不知道……可是我根本没有电钻呀！"丽莎回答。"那就是楼下那层的人，真是太没素质了，都这个时候了！"这位邻居边说边怒气冲冲地离开了。丽莎咕噜了一句："抱歉。"然后合上了门。她气得一直发抖，脑子里的第一个想法是："但愿她能相信我，根本不可能是我啊！"她上了床，激动的情绪久久不能平复。丈夫回家时，她把刚才的经历一五一十地说了一遍。丈夫也很生这位邻居的气，因为她的错怪让妻子如此受伤。他建议明天去找邻居评理，丽莎强烈反对，可自己又无法平静下来。此时丈夫已经有些不耐烦了："先睡吧，毕竟什么事都没有发生！"

车辆并未受损——斯特凡的故事

斯特凡散步回来朝停车的地方走去，还没走近就看到有一位车主正在倒车，刚好碰到了他那辆新车的保险杠，居然还准备开车离开。斯特凡愤怒地冲过去，一边做手势，一边大声喊道："你是不是打算溜走啊？"那位司机在后视镜里看到了他，立即下车询问发生了什么事，并说他只是稍微碰了一下斯特凡的车。两人仔细检查了保险杠，没有发现任何剐蹭痕迹。

斯特凡还是无法平静下来，他气急败坏地说："马上把你的保险公司名称告诉我，否则我就报警！"被指责的司机冷静地回答："你可以去报警啊。反正什么事都没有发生。"斯特凡坚持说："这辆车必须送去修车厂检查，可能有内伤。"那位司机只是摇了摇头，然后驾车离开了。斯特凡上前追赶了几米，挥舞着拳头愤怒地喊道："马上停车！"而听到他这句话的只有几个与此毫不相关的路人。

一周后，斯特凡依然愤愤不平地向朋友们吐槽这件事，尽管汽车修理厂早就说了这辆车没受任何损坏。

常常为袜子而烦恼——安娜和彼得的故事

这是一个经典的、似乎永恒存在的问题。安娜和彼得结婚已经三年了，他们生活在一套宽敞的公寓里。安娜目前在家里做一份兼职并负责家务，彼得则是一名高级职员。一天，彼得直到晚上八点才回到家里。安娜问候道："你今天过得怎么样？"他轻轻地"嗯"了一声，然后脱掉大衣、夹克，摘掉领带，坐到了一把椅子上。安娜非常了解他这种回答方式，肯定是"我已经很累了，我需要休息"。在这种情况下，她别想听到丈夫反问她今天过得如何了，于是安娜简单地说："厨房还有一些吃的。"并用带有一些恼怒的语气说，"如果你能收拾一下卧室里你的袜子和报纸，那就太好了。"彼得生气地回应："你又开始了吗？难道没有别的事情可以讨论了吗？"安娜明显提高了声音："你还问我？你一到家就马上躲在你的报纸后面，难道我还不如你关心的经济专栏重要吗？"

彼得的身体又向椅子里挪了一下，他的姿势并不轻松，更像是内心的一种妥协。他用手抚摩着自己的额头，好像在尽力抚平自己的情绪。为了避免争吵，他努力寻求和解："真对不起。今天早上我确实赶时间。"

假期间的坏心情——塞巴斯蒂安的故事

塞巴斯蒂安和他的妻子索菲亚一起去度假。他们和另一对朋友一起租了一间山中小屋。作为软件安装项目负责人，塞巴斯蒂安的工作涉及大量的公司内部冲突和权力斗争，既耗费精力又容易心累，因此他很高兴能有机会短暂逃离这样的高压环境，但同时他又担心同事们可能会在他度假的时候试图插手他的工作，或者可能会在他缺席的情况下做出什么重大决策……优美的雪景和收音机里播放的维瓦尔第的《四季》把他拉回到当下，他非常期待接下来两周的滑雪、品尝美食等一系列娱乐项目。

说到美食，他在想是否已经买了足够的食物，因为山中小屋并不提供饮食。现在他才记起妻子几天前就叮嘱他要买好食物。假期前的工作压力实在太大，他全然忘记了这件事（可能也因为他本质上认为这应该是妻子的任务）。他意识到自己的疏忽，立即给朋友打电话。他的朋友在电话那头的回答在他看来有些不耐烦："你们买你们的吧，我们已经准备好我们的了。"塞巴斯蒂安的情绪低落下来，他感到一种难以名状的失望和不安。在接下来的旅途中，他变得沉默寡言。到达目的地后，他很快缩进自己的房间，一阵疲倦再次袭来，他实在没有心情和人交谈。他妻子关切地询问他发生了什么事，但他的回应却无比冷漠。

他的手机响了。是同事打过来的电话，这位同事先是为突然打扰道歉，然后说很需要塞巴斯蒂安的建议来解决一个问题。塞巴斯蒂安在这个领域是公认的专家，他果然轻而易举地解决了。他的同事为此感激不已，挂断电话时，塞巴斯蒂安感到自己完全变了一个人，疲劳和懊恼消失了。他再次加入朋友群里，这个傍晚他过得很愉快。

一个人眼中的蚊子可能是他人眼中的大象

也许你有过这样的体验：突然被负面的情绪袭击，没有任何预警，也没有什么充分的理由，就像是"无中生有"。你可能会感到恼怒或悲伤，变得沉默或愤怒，不知道发生了什么。当别人询问时，你找不到任何解释，你对自己的情绪波动感到困扰。

旁人的反应是疑惑、不解或责备：

"你怎么一下子这样了？"

"别那么敏感！"

"不要把它当成个人攻击！"

"别把事情想得那么复杂！"

我们对这些评论的回应或许各不相同：

否认："这没什么。"

掩饰："我就是心情不好。"

自责："我觉得自己太蠢了。"

责怪："你明知我不能忍受你乱扔脏袜子 / 你居然用这种语气跟我说话 / 因为你我们又迟到了 / 一切都怨我……"

所有这些反应都可能导致情绪爆发或持久的情绪低落。**毫无疑问，没有人能始终保持强大、自信、冷静。所以，生气、恐惧、担忧、受伤等不愉快的情绪，首先都是对烦心事最正常的反应。**同样正常的是，我们并不希望产生这样的情绪，总想尽量避免或快速摆脱这些情绪。我们常常努力在他人面前隐藏这些情绪。我们已经学会区分哪些情绪在哪些情况下是受欢迎的或不受欢迎的，合理的或不合理的。这会带来深远的影响：如果我们压抑住那些误以为不该有的情绪，就会切断我们通向重要需求的路径。这两者之间的关联我们还会深入讨论。

如果我们将一只蚊子变成了一头大象，我们虽然会感到情绪的波动，但无法得知这种情绪产生的深层原因。看似微不足道的小事背后隐藏着我们无法解释的感受，这些感受通常被认为是不合适的、莫名其妙的，甚至是疯狂或病态的。

看得见的原因和隐藏的原因

如果一件事可以轻而易举地解决，我们就可以称其为小事一桩，就像一只蚊子。彼得可以毫不费力地收拾他的袜子，因此他的问题并不在于袜子。然而，真正的原因很难发现。

当我们产生情绪的原因显而易见时，我们根本不需要解释，比如：

- 明显的轻视或贬低。
- 一而再，再而三地受到不平等对待。
- 遭受重大损失。
- 客观上构成威胁的事件。
- 当前的工作压力超载。
- 一堆烦恼。
- 堆积如山的任务。
- 当下急切的担忧。
- 身体上的疼痛。

这些会让我们感到紧张，让我们烦躁。此刻如果再出现一些不愉快的小事，一些人就会叹息道："还添乱！就好像这还不够我受的！"在这种情况下，我们感受到一切都牵动着我们的神经，我们知道这正是让水桶里的水溢出的那一滴。有的时候，我们也会见树不见林。一切似乎都超出了我们的掌控范围，我们只感受到焦虑和压力。情绪波动可能有很多种原因：

- 有些很容易辨认，有些则较难辨认。
- 有些就在当下（或不久前），有些则隐藏在时间的深处。

原有的和新出现的、明显的和隐藏的原因往往会混合在一起，认识到这些原因的形成条件非常重要，否则我们可能会误解情绪波动的真正起因，把精力放在错误的地方。

用一个事例来解释一下明显的情绪和隐藏的情绪之间的区别：我们想象一下，在一次徒步旅行中，你必须通过一根树干穿越一条湍急的小溪。每个人都能理解你的犹豫，认为这件事是一次冒险，会觉得这是在考验你的勇气。你的恐惧对于每个观察者来说都是可以理解的。然而如果这根树干放在坚实的地面上，那么在树干上行走只是一个技巧练习，大多数人都不会觉得难。在这种情况下，表现出恐惧就会引起他人的不解，因为这种挑战对于其他人来说就像一只蚊子一样微不足道。

令人不快的情绪与身体疼痛类似，是一种警示信号，它告诉我们有些地方不对劲，需要做出改变了。如果身体有什么地方疼痛，我们会去咨询医生，接受治疗。但当我们突然情绪低落时，我们可以先自己去找线索，并不需要马上就去找心理咨询师。

个人化处理模式：蚊子如何变成了大象

为什么看似无足轻重的小事会导致情绪爆发？答案很简单，因为我们并不知道真正的原因。它隐藏在过去的某处，被各种经验所掩盖，我们的大脑会自动处理这些情绪，久而久之形成一种类似于"语感"的习惯，这种习惯影响了我们生活的方方面面，包括我们在什么场景做出什么样的行为，以及对某件事会有什么样的反应。

这种习惯也可以称为"认知框架"。认知框架是我们所有生活经历的总和。它和原生家庭以及个人成长经历息息相关，伴随我们的一生，且很难被突破或改变。某些带有局限性的认知甚至会严重影响到我们当下的生活。

例如，一个人坚信只有在职场上取得成功人生才有价值，他就会片面地按照这样的目标行事，他认为"我必须努力、勤奋，严格规划我的职业生涯，步步为营，努力晋升"，哪怕微小的失败也会让他深感不安并怀疑自己。**躲在蚊子后面的大象源于我们所经历的各种负面体验。这些负面体验会**

给我们留下伤痛痕迹，在某个时刻被某个所谓小事触发，对我们造成难以言说的负面影响。**我们总是试图让自己免受痛苦情绪的干扰，却很少去思考这些蚊子般的小事其实是我们内在需求受挫的提示。**

受挫的基本需求：大象般的后果

我们的父母坚信他们所做的是"为了我们好"，但事实并非如此。 例如，在战后成长起来的一代人，受到的教育通常是逆来顺受、履行义务和遵守规范，因此"桌上有什么就吃什么"；即使你真不喜欢，也要在收到礼物时表示感谢并显得开心；待客要热情有礼，少发表自己的不满与批评。

在孩提时代我们就被灌输这样的观念："满足他人的期望比表达自己的感受和需求更重要！" 在这种观念中长大的人不会明白自己真正想要的是什么，可能会一直处于不快乐**状态。** 在某种程度上，我们关闭了对自我感受的认知，只剩下对他人期望的敏感度。这种情况在职场上尤为突出。白天我们受到角色和规则的约束，到了晚上就只想"安静"一阵儿，这实际上是我们仅存的那一点点可怜的愿望。如果我们当初能够允许它们存在，那么我们的生活会丰富很多，内心也会更加从容。

在这样的环境下，最微小的刺激都可能使我们暴跳如雷，我们将种种不满直接表达出来，通过解释和澄清来应对可能的指责。他人可能觉得我们小题大做，把蚊子说成大象，但如果没有这种审视内心活动的视角，我们就没有机会理解情绪背后的深层含义。

那些隐藏在我们生命中的痛点总会一次次显露出来，并激活那些陈旧的应激反应，从而引发不愉快的情绪。这就像在某些掷骰子的游戏中，我们掷出的骰子落到一个写着"返回到……"的格子里，引起一连串的蝴蝶效应。

我们首先需要做的是多关注自己的情绪。尤其当我们经历了不愉快的事情，这种不愉快的情绪可能在暗示我们忽视了某种内在需求。就像呼吸空气一样，当我们爬山时，空气变得越稀薄，我们就越费力，缺氧会迫使我们停下来。当情绪突然改变时，我们应该停下来想一想我们正处于什么样的状态，缺少什么，这对我们来说很重要。那么在前面描述的情况中，如果丽莎、斯特凡、安娜和塞巴斯蒂安都能在情绪袭来时停下来认真思考一下，将会发生什么呢？让我们先看看安娜的例子，她常常因为丈夫不整洁的习惯而和他吵架。

袜子里的大象：关于夫妻矛盾的一个例子

安娜和彼得之间的冲突看似平常，但这只是冲突的一个层面。在安娜持续的低落情绪中，还隐藏着一些别的值得我们去探寻的深层原因。通过进一步的观察，我们可以发现，这两个人的基本需求是如何让他们陷入相互冲突的，要识别出各自"大象"的全貌有多难。让我们先来看看他们两人的生活背景：

安娜和彼得五年前在科隆相识，相处两年后他们在那里结了婚。安娜是个很有魅力的三十四岁女性，遇到彼得之前，她一直是单身，在一个中小型工商管理企业做项目负责人，很有发展前途。彼得比安娜大三岁，在慕尼黑长大并完成了法学学业，是一家国际公司的部门负责人。因为工作上的调动，他来到科隆，和安娜相识相知相爱。但令他们头疼的是彼得又要被调回慕尼黑公司总部，这让安娜面临一个重大的抉择：她应该辞去工作离开她熟悉的社交圈吗？彼得提出他可以在科隆找一份新工作，经过两人的综合考虑，安娜决定为了爱情搬到慕尼黑。两人从结婚到现在，一直都没有生育。

安娜和彼得来到我的诊所，寻求亲密关系方面的咨询。这主要是安娜的愿望，彼得也希望能解决两人之间的问题，因为他对安娜的"持续不满"感到痛苦。他抱怨说，她的唠叨逐渐让他感到绝望。他已经无法忍受因为微不足道的小事而频繁发生的争吵。

她发火的原因虽然有些道理，可彼得觉得不必太在意袜子的问题（通常是指整洁的问题）。他通常只是皱起眉头回复说："我一会儿去整理。"如果冲突加剧，他会赌气道："如果你嫌乱，那你自己去收拾吧！"他根本意识不到安娜生气不仅仅是因为袜子没放好。

安娜在这时候会更生气："我又不是你的用人！"她的大象终于露出端倪了。彼得讥讽道："如果能让你高兴，那我以后就把袜子收好吧。""我知道你心里怎么想的，省得再听我抱怨了，是不是？"安娜都要崩溃了。当然有时候彼得也会好好哄妻子："我知道了，以后会帮你收拾……"安娜则接着说："但愿如此！可是如果你不明白为什么要保持整洁，那做什么都没用。"她转而面向我说："我已经不再相信他那些不真诚的承诺了。"

显然，对于安娜和彼得来说，**这不仅仅是袜子有没有放好的问题，而是他们夫妻之间出了问题。就事论事地讨论袜子怎么放只会让他们陷入僵局。**稍微反思后，安娜说："我经常烦躁是因为我不满足。我渴望被认可和受到重视。但我到底做了什么呢？我的生活很大程度上就是在不停地收拾。要是我能找到一个更有意思的工作就好了！"

安娜继续说："如果你能在家务方面更多地支持我，我会轻松很多，这也是对我工作的一种认可。但是，难道我最大的幸福就是完美地做好家务？我还要等多久才能实现要孩子的愿望？"她没有说出口的是："我其实是嫉妒你的。你能从事一份令人兴奋的工作，得到认可，取得成功。有时我甚至嫉妒你遇到了困难，因为你的工作很重要。"

于是大象的轮廓就依稀可辨了。当然要承认自己内心深处的不满并不容易，因为它可能带来深远的影响。安娜之前没有意识到她常常被激怒是因为基本需求（如被认可、得到理解等）没有得到满足。

她的父母以身作则，教导她首先要履行义务，并且要服从这种义务。无论生活是否令人满意，都不必过问，必须做自己应该做的事。因此，安娜内心的想法大部分是由命令句组成的："我必须照顾他人！""我不能自私！"或者"生活的一半就是收拾！"安娜的行为似乎表明，她坚信追求完美的标准是让自己的生活保持"井然有序"，她的座右铭是："遵守规范，你就能把握自己的生活。"

看上去安娜好像是对袜子的问题斤斤计较，实际上这是她对生活的期望没有得到满足，内心引发的一种自我保护程序。

对她和她的丈夫来说，因袜子而生气，要比讨论重要的基本需求受挫更容易。如果不对生活经历进行更深入的审视，会很难理解对待不满足感的这种表面处理方式。因为这也不符合安娜的形象，她有着自信的外表、突出的职场能力以及足够的独立性。我们必须向更深处挖掘才能够理解安娜的感受和反应。在审视她的生命历程时（见下文），她的大象逐步显出轮廓。

对彼得来说，这个问题的棘手之处在于妻子经常感到不满。他实际上并不太在意这些持续的抱怨，而是对她和他在一起不幸福感到不安。他害怕无法给予她想要的东西。安娜为了家庭放弃了自己的工作，而他又不想放弃自己的事业。所以，彼得有一种潜在的负罪感，然而他不愿意承认。我们在后面还会讨论这里推测到的这头大象。

在解析过程中，可以清楚地看出这对夫妻对于袜子问题是蚊子还是大象的意见并不一致。彼得把关于袜子的争吵视为烦人的小事一桩，而安娜却感到非常沮丧。**彼得想把这件事当作蚊子来对待，以避免严重的冲突，而安娜则不肯罢休，她希望自己的诉求得到关注。所以，蚊子后面是不是一头大象的问题，取决于个人关注点，我们可以对其进行充分的争论。**然而他们两人都可能意识到了这其实是关乎大象的问题，只是不愿承认而已。

本书能带给你的收获

在这些故事中，你可能会找到你自己或你的朋友、伴侣、同事的影子。每个人都会有情绪爆发的时刻，当前的情绪就像是来自过去的一种回声。如果将它们与过去的经历联系起来，就会得出让我们意外的结果。

因琐碎小事而反复爆发的情绪，通常只是冰山一角。真正的原因则隐藏在背后，如果我们只是就事论事地处理这些情绪，是治标不治本的。

我们因微不足道的小事陷入情绪风暴，很可能意味着我们在情感上混淆了过去和现在。因为当下的情绪唤醒了旧时的感觉，激活了过去的应对模式，而这些往往是不合时宜的。

例如，那些担心失去爱人的人，会一再努力迎合对方；而那些害怕自己被排斥的人，则更倾向于规避社交。这两种方式都可能会给我们带来困扰。

当我们感受到威胁或不安全时，往往会自发启动旧有的身体保护程序。每个人都知道，在压力重重的情况下，尝试新事物有多么困难。

希望这本书能逐步加深你对小事引发情绪的理解。本书会以我们开头提到的几个真实故事为例展开分析，希望能够解答你的一些困扰。

我将在第二章详谈隐藏的大象。什么是基本需求？如果这些需求未被满足，意味着什么？痛点是如何产生的？可以采用什么样的方式来避免再次受到这样的伤害？当痛点受到刺激时会发生什么？为什么躲在蚊子后面的是一头大象……

当我们把本书开头讲述的故事与一些相关生活经历的拼图结合起来时，就可以清楚地看到这种追溯多么有帮助。这一点你在安娜和彼得这对伴侣的冲突中已经了解到了。我还将以此为背景来探讨丽莎、斯特凡和塞巴斯蒂安的故事。随后的章节将帮助你寻找自己的大象，寻找合适的对应方式，这将对你大有益处。

在第三章中，你可以测试哪些基本需求对你来说很重要，以及你是否忽视了某些基本需求。通过回顾你的生活经历，你会弄清楚在你的生活中是否也有基本需求没有得到满足的情况。

在第四章中，你可以了解到如何追踪自己的那头大象。

你是否也时而陷入那些无法解释的负面情绪中？你的痛点在哪里？你采取了哪些应对方式？有哪些充分的理由让你因一些琐事而动怒？

在第五章中，你意识到了负面情绪的意义，不再因为它们乍看起来难以理解就将其轻描淡写。这也会加深你对他人情绪的理解。

书中提到的许多指南和练习会教你如何走出困境，摆脱情绪困扰，帮助你找到心理平衡。

在某些情绪冲突中，满足基本需求并不是非此即彼的问题。如果你知道自己的真正需求是什么，你就可以审视一下自己是否将精力投到了重要的生活目标上。也许你会发现，你完全可以放弃那些对你的满足感贡献不大，对于充实的生活并不真正重要的愿望和活动。

举一个例子，现在很多人在互联网上寻找满足感，希望获得关注，找到某种归属感。互联网不仅为我们提供了各种虚拟的可能性，还能了解用户可能会喜欢什么。手机、电脑等电子产品因此成了很多人的"好朋友"。他们花在这上面的时间和精力，远远超过了与现实中的人互动的时间。从这个层面上讲，这本书也是希望大家减少对电子产品及互联网的依赖，回归到更真实的日常生活中来，多多去感受生活的本质。

在正确的时间，

以正确的方式，

出于正确的原因，

对着正确的人发火并不容易。

——亚里士多德

搜寻对象：
隐藏的大象

车身上的疑似刮痕，乱放在地上的袜子，一个简短的电话询问，一位愤怒的邻居，为什么这类小事会触动他们的情绪？

原因是它们触动了故事中主角们的痛点，这是他们特别敏感的地方。然而这种敏感来自何处？我们在丽莎、斯特凡、安娜、彼得和塞巴斯蒂安的生活经历中找到了答案。现在和过去像一幅拼图，拼成了一幅令人惊讶的图像。

我们想要弄清楚为什么一个人会做出这样而不是那样的反应，就必须探讨某件事对当事人来说有什么意义。 举例来说，丽莎开始面对愤怒的邻居时吓了一跳，然后她想到："邻居对我生气，这个我无法接受。"这种反应很难理解，除非我们去追寻过去的踪迹。

- 情绪突然变化的原因是什么？
- 哪些大象躲在后面？
- 这些大象是怎样形成的？

　　大家想象一下，有一个人穿着一双新鞋参加一次长途徒步旅行，但是这双鞋有点紧。一开始，他只是感到有些夹脚，遇到某些负荷时这种感觉就会变成一种反复出现的疼痛感，最后导致皮肤擦伤，伤口开裂。

　　这位徒步者一瘸一拐地前行，试图尽量减少疼痛，选择最短的路线返回出发地。在回家途中拥挤的火车上，有个同行的人无意中踩到了他受伤的脚。他本能地喊出了声，并大声道："你他妈的不会小心点吗？"同行的人无意中碰到了他真正的痛处，且是在并不知情的情况下，因为他的伤口被鞋子遮盖住了。

　　选择错误的鞋子，长时间的徒步，试图尽量避免疼痛，中断徒步旅行，别人意外碰到他的伤口，这一切加在一起导致了沮丧和不快。总的来说，保护自己身体免受疼痛的基本需求受到了侵害。在这个例子中，整个过程都很容易理解，因果也很明确。这位徒步者可以很容易地向同行者解释为什么他会做出如此激烈的反应。

　　在隐藏的大象问题上情况就不同了：我们内心痛点的形成虽然是遵循相同的原则，但通常不那么明显，因为需求受挫以及因此产生的应对方式通常都发生在很久以前，我们已经记不起来了。当触及这些旧时敏感的地方时，我们有充分的理由感到恼火，但可惜的是我们很难解释它。在这种情况下，找出真正的痛点在哪里，可能会对我们有所帮助。

正向发展的基石：满足基本需求

当事情符合我们预期的样子，我们就会感到愉悦。这表示我们当前最重要的需求得到了满足。但情况相反时，就会产生不愉悦的感受。然而，我们是否总是知道自己需要什么呢？通常来说，我们更容易回答我们不再想要什么的问题。例如，我们不再想忙得不可开交，不想生气，不想害怕，不想无聊，也不想再担心。

那么，当我们的情绪陷入"逆境"时，我们如何才能意识到我们真正需要什么呢？哪些需求受挫或受到了威胁？人类普遍的基本需求到底是什么呢？

基本需求对于理解隐藏的大象至关重要。有些需求在我们出生时就已经存在，而另一些需求则在以后才发展出来，并通过文化环境影响形成个体的特征。满足这些需求，尤其是在儿童时代，对一个人的身心健康是不可或缺的。对此，神经科学研究已经提供了有力的证明：如果没有一个持续的、有爱心的陪伴者提供安全、温暖、启发等，幼儿的大脑发育会受到损害。因此，基本需求有别于个人的愿望。后者原则上是无限的，与人类本身一样纷繁多样。有人可能希望环游世界；有人希望布置一个花园，或者安静地读书；有人想拥有一辆豪车，或者懒洋洋地躺在海滩上；有人愿意在电视上亮相，或者举办一次热闹的派对；还有人希望拥有很多钱，或者希望吸引异性的关注；等等。当然，这些愿望可能与基本需求有关。旅行可以满足我们的好奇心，一辆豪车会引人注目，社交媒体上的粉丝或者上电视反映出我们需要得到关注的愿望，共同庆祝的活动让我们拥有某种归属感。

从这个角度来看，愿望及其实现更像是一种手段，它是满足基本需求的众多可能性之一。例如，某人希望拥有一辆豪华且大功率的越野车，这样他会感到所向无敌，或者以一种优越感俯视那些小车的驾驶者，那么他也可以表达出这种需求，而不仅仅是想，"我想要那辆车""我想要安全和高人一等"。实现单个愿望可能给我们带来满足感或幸福感，这并不会对我们的幸福感产生重要影响。而基本需求则不同，如果它长期得不到满足，就会威胁到我们的心理平衡，有时还会影响我们的身体健康。

满足基本需求是我们获得幸福感的基石，在这个基础上建立了我们过上满意生活的一切。**如果我们长期感受不到爱，没有安全感，觉得自己低人一等或被人误解，这将对我们的情绪产生持久的不良影响。**然而，如果我们感到在这个世界上受欢迎，我们的爱得到了回报，我们的行动带来了期望的结果，我们就可以避免不愉快的经历，并且对自己有着积极的看法，那么生活将会过得很好。

从安全感到自主决定：需求层次

除了前面提到的人与人之间的基本需求之外，我们还有生理需求，这些需求对我们的生存至关重要，比如饮食、良好的睡眠、清新的空气、防寒保暖或身体不受伤害等。如果这些需求无法得到满足或受到威胁，其他需求就理所当然地变得不那么重要。如果一个人在一次独自徒步旅行中摔断了腿，他首先希望的不是得到人类的温暖，而是知道如何从无助的境地中获救。我们可以将其想象为某种需求层次。

美国心理学家亚伯拉罕·马斯洛（Abraham Maslow）在20世纪50年代提出了一个需求层次模型，阐述了我们实现健康发展和幸福生活所需的内容。他将需求分为"低级"和"高级"两类。这并不是一种价值评判，而是表示发展是分阶段进行的，在这些阶段不同的需求逐渐展开。他提出了五个需求层次：

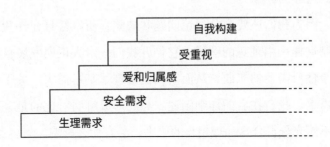

只有底层需求基本上得到满足时，较高层次的需求才能真正得到满足。较低级的需求当然一直是至关重要的，但是一旦它们基本得到满足，我们就不再关注。如果某一层次出现严重缺失，我们就无法轻松地进入下一个层次。例如，**如果一个孩子没有安全感，他将很难与家人分离。如果一个孩子没有得到爱，他可能会觉得自己不值得被爱，从而难以在将来表达爱。**顺便提一下，很多人倾向于在追求较高层次需求受损时（例如不受重视），转而回到满足基本需求的层次上（例如通过食物来"消愁"），从长期来看这是不健康的。

一个人童年时在上述阶段是否经历了挫折，他通常无法记起。即使有些人还能记起某些场景，但常常不知道为什么当时会感到非常无助、孤独或不被理解。这使得将那些情绪爆发与以往的经历联系起来变得很困难。我们先设想一个理想化的人生成长过程。这个"完美的世界"当然设定了一个超高的标准。无论是你的父母、你自己还是你的孩子都无法达到这样的标准。

因为我们还要充分讨论问题和缺陷，所以暂且允许我们绘制这样一幅理想的图像。它告诉我们一个人正向发展自己的个性所需要的东西，从而向我们呈现了基本需求。关于基本需求，我会在后面详细阐述。与此形成鲜明对比的是，如果不能充分符合这一理想化的原则，会有什么影响。

我们若能得到所需要的一切，那该有多好啊

我们出生的时候，首先需要安全和温暖。我们的父母（或其他与我们关系稳定的亲人）喜迎我们的到来，并悉心照料我们。在理想情况下，他们相互支持，彼此尊重。当我们需要他们时，他们总是在身边。他们对我们哭声的细微差别有着敏锐的感知，当我们需要关怀时，他们不会忽视我们。我们与他们建立了深厚的情感联系，能够辨认出他们的气味、声音和微笑。似乎在这个时期，一切都围绕着我们转。

我们慢慢长大，逐渐变得充满好奇心，到处触摸，把东西放进嘴巴，爬来爬去，模仿别人，学走路和说话。父母通常都在附近，当我们遇到危险，他们会赶过来；当我们跑开时，他们的目光会跟着我们走；当我们感到害怕或受伤时，他们表示理解并安慰我们。

我们的生活空间越来越宽广。我们开始尝试新的事物，

独自一人玩游戏，或和兄弟姐妹一起玩耍，在托儿所或幼儿园里学到新技能。我们的努力受到赞扬，父母并没有对我们的初次失败感到失望，他们在我们需要帮助时支持我们，他们不会过分要求我们，也不会用成人的视角阻碍我们的想象力。他们认可我们的感受，特别留意我们的需求，尽管这些需求并不总是得到满足。这样我们就学会了忍受挫折，并受到鼓励，去努力实现长期的目标。

我们逐渐形成了自己的意愿，希望能够自己做出决定。我们执拗的"不"字会被认真对待，父母能够接受我们对他们的反抗，他们不滥用权力，而是与我们交流。他们也为我们规定了界限，明明白白且贯穿始终，使我们能够明白深浅，找到方向。在与父母和同龄人相处的过程中，我们学会了对待他人要有同情心，要合作和团结，同时也学会了坚持自己的立场并尊重自己的需求。

我们也感受到我们的父母很在意公平和平等。每个人都会得到同样大小的蛋糕。没有人会受到不合理的惩罚。父母会解释给我们听，为什么有时候我们需要退让。他们教导我们要顾及他人，也不让我们有受到不公待遇的感觉。

随着每一次的学习，我们获得了更多的独立性。我们对自己的行动充满信心，我们学会了如何照顾自己、解决日常问题，并迎接新的任务。我们的父母给予我们自由，并不干涉我们，我们有了独立性和自信心。

在出生几年后，另一个重要的基本需求也逐渐成形，即对性愉悦的需求。我们以自然的方式探索我们的性敏感区，享受刺激，发现与异性的差异。父母尊重我们对亲密感的需求，如果我们不喜欢某种触摸或亲昵的行为，我们可以明确地表达我们的不满。

我们在对自己的能力充满信心的基础上，建立新的社交关系，体验与同龄人在一起的归属感，坠入爱河，并在与父母和其他成年人之间建立起一道界限。如果这一界限受到侵犯，我们无论如何都会得到保护。

父母能容忍我们对他们提出质疑并离开他们。虽然我们无法避免危机、冲突、疾病、恐惧、愤怒、悲伤和自我怀疑，但父母的耐心和爱心给我们提供了重要的成长动力，我们由此获得力量，变得更加强大。

从父母的角度来看，可以将上述成长条件视为育儿指南。类似的行为确实也是各种亲子培训的基本组成部分 [例如美国开发的《系统性有效育儿培训》（STEP）或《积极育儿计划》（ 3P，即 *Positive parenting program* ）]。

心理学文献中讲述了各种不同的基本需求分类，其中有很长也有很短的列表。我选择了一个中等的版本，并参考了马斯洛的需求层次和苏尔茨（Sulz）的目录，得出下面的分类结果。作为读者，你可能会发现其中缺少了你个人认为非常重要的需求，或者你认为还缺少人类的一般需求，例如对生活意义的需求、对宗教/精神的需求、对美学的需求。这些话题可以花很长时间来讨论。我在这里主要专注于那些在我们的文化圈内可能具有普适性的需求。

> **这些重要的基本需求在生命的不同阶段侧重点有所不同，它们分别是：**
>
> - 稳定的情感纽带，包括爱、呵护、温馨、归属感和被理解
> - 重视和关注
> - 平等和公平
> - 情欲和性欲
> - 安全感
> - 好奇心
> - 自尊、自决权、界定和相信自身能力的自主空间

抵达巅峰：独立的成年人

如果我们真的能生活在这种幸福的成长环境中，那么成年时我们通常就能过上满意的生活，拥有足够的童真、创造力、好奇心。因为我们：

- 形成了一个独立自主的价值体系。

- 在生活中，我们的需求和兴趣保持和谐一致。

- 有一种稳定的自我价值感。

- 相信我们的能力并且感到一切尽在掌握之中。

- 允许自己表达强烈的感受，也敢于示弱。

- 可以建立令人满意的人际关系。

- 非常自信地面对不同角色的期望值（比如作为同事、商业伙伴、主宾、陌生文化中的游客等）。

- 感到自己是社会共同体的一部分。

- 可以用恰当的方式应对困难的挑战。

我们最重要的需求得到了满足。在这个背景下，蚊子就是蚊子，大象就是大象。我们不必操心那些痛点，我们可以将不愉快的情感合情合理地归咎于当前的情况，我们的内心不会因为旧时的伤害而发出情绪警报。

丽莎会因为她邻居的行为生气，但过一会儿气就消了。斯特凡也会很快平静下来，因为知道他的车没有受损。安娜和彼得也不会因袜子争吵不休，而是会讨论安娜真正的需求。塞巴斯蒂安也会以合作的方式和他妻子沟通，商量一下为了度假还要再买点儿什么。

如果一切都那么简单的话就好了，我们就不需要考虑我们的隐藏情绪了。我们可以放下心来毫无戒备，就像一个身体健康的人，没有理由去考虑他的肝脏是否正在释放必要的酶。心理治疗师也会失业，我也没有必要写这本书。然而不幸的是，**我们在成长的过程中，往往会经历失望和挫折，我们没有足够的能力去应对这一切。**尤其是在童年时，我们试图应对各种大大小小的灾难，然而这些尝试往往不足以解决问题。**当我们面对难以掌控的高压时，往往倾向于回归旧时应对模式，而不是尝试新的方式，这样蚊子就变成了大象。**如果我们意识到哪些需求受到了损害，知道用什么方式做出回应，那么我们就会很好地理解为什么我们会因为小事大动肝火。

需求受挫：大象的产生

我们的生活道路上有许多岔路口，每个路口都有虚拟的路标，指引我们在特定情况下应该做什么或者选择哪条路。这些路标可以提供帮助，例如：

- "重视你的需求！"
- "放手试试看！"
- "不要人云亦云！"
- "正视你的感受！"
- "相信你自己的判断力！"

另一些则妨碍并限制我们发展的可能性，导致我们内心大象的形成，特别是那些不允许我们关注自己的感受和基本需求的规定和禁令。这些路标上可能写着：

- "你要理智点！"
- "你要尽力去做！"
- "不要那么自私，不要把自己看得太重要！"
- "不要那么敏感！"
- "不要那么让人扫兴！"
- "照我说的做！"

这些话不一定是明确地说出来的，它们常常隐藏在字里行间，影响着家庭中的氛围。它们也不一定在每种情况下都是错误的或不合适的，但把它们作为唯一选择就不对了。无论如何，我们通过这个过程学会了区分在不同情境下哪些感受和需求是受欢迎的或不受欢迎的，是合理的还是不合理的。

以下这些例子可以帮助我们理解大象的产生。父母对孩子关注不足的现象比较常见。然而，**当一个孩子的感受经常得不到认真对待，在孩子内心就会形成一头大象。**

- 一个孩子因为觉得在兄弟姐妹中受到不公平待遇而感到生气。父亲却试图淡化："不是这么回事呀，别总是这么嫉妒！"
- 一个学生早上肚子疼，不想去学校。母亲安抚地回应道："会过去的，很快就不疼了。"孩子小声说："可是我害怕，因为班上的孩子总是取笑我。"母亲因为自己要去上班而显得有些不耐烦："你不能老受他们的影响，要保护好自己！"

在第一个例子中，孩子被告知他的感觉和观察是错误的，而且他的感受还受到了批评。在第二个例子中，母亲不但忽视了孩子的感受，还代之以一个过度的要求。如果孩子能够保护自己，那么他可能就不会感到害怕了。

如果孩子表达某些情感时一再受阻，他们会下意识地得出这样的结论："这种感受没有合理的理由，或不受欢迎。"可惜孩子们几乎没有机会反思父母或其他亲人对他们的负面评价，并对此进行批判性的思考。母亲、父亲或老师的话比起孩子的感受更重要，至少在孩子学会独立之前都是如此的。这样，"不受欢迎"这个标签印刻在内心，前往自己情感世界的通路，也就是对基本需求的理解可能会因此长期受到负面影响。

要试着学会审视那些我们习以为常的情绪反应，这样我们的情感反应就会成为理解我们重要需求的指南。

MEA 公式: 这几个字母代表着蚊子、
大象和情绪激动

开篇故事中的共同特点是因为小事(蚊子)引起了情绪爆发。为了用一个简单的公式来表述,我用"A"表示情绪激动,用"M"表示蚊子,用"E"表示大象。

我们的 MEA 公式基于美国心理治疗师阿尔伯特·埃利斯(Albert Ellis)提出的解释情感的 ABC 模型。根据这个模型,一个触发事件(A)会导致某种情感结果(C),而该结果源于该事件对当事人的意义(B)。

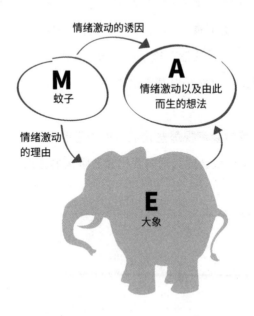

没有人会因小事而大动肝火。要么是当时出现了很容易解释的原因，比如各种压力的叠加，这些因素合在一起并非小事；要么是我们自己或他人对看似微不足道的起因后面的深层意义视而不见。这个公式表明，**引起情绪的不是蚊子，而是躲在后面的那头大象。犹如冰山一角，我们的大象一开始是隐藏的，我们只能模糊地感觉到它的威胁。**

蚊子本身和情绪爆发的方式都不会立即告诉我们，某人为什么会有如此强烈的反应，因此我们必须刨根问底：这件事对当事人来说意味着什么？

如果我们关注引发情绪的那些想法，我们就找到了第一条通路。这些念头似乎会在我们脑海中自动浮现，不经思考而进入意识。美国心理学家亚伦·贝克（Aaron Beck）将其称为

“油然而生的想法”。

尽管我们常常几乎注意不到它们，但它们却随着每一次情绪反应而出现。因此，反思一下在某种特定的情绪出现时你的脑海中闪过的那些念头会很有帮助。举个例子，假设你的上司突然要求你去谈话，这时你会产生一种什么样的情绪？什么样的念头会在你的脑海中闪过？你可能会感到不

安，你会这样想："他肯定又在挑刺儿！"或者你可能感觉受到重视，因为你相信上司又需要你的建议了。

再设想一个例子，半夜电话铃响了，你可能会生气，因为你认为可能有人打错了电话，或者有些害怕，担心这可能是个坏消息。再来看看丽莎的丈夫。对他来说，不用多想就很清楚："我的妻子被邻居无理指责了。"他的反应当然是很生气。而丽莎则把邻居的发怒视为一种威胁，因为争吵使她感到害怕。她当时最重要的、完全自动出现的想法是："但愿她相信这不是我干的！"为什么这对她来说如此重要呢？丽莎经过一番思考得出的答案是："如果她不相信我，她会对我生气，而我无法忍受这样的情况发生。"类似的思维模式决定了丽莎在许多冲突情况下的反应和行为方式。但是，这样的思维模式是如何形成的呢？

答案可以在丽莎的生活经历中找到，我将在下面详细描述。**只有当她放弃自己的需求，不给她易怒的父母惹麻烦时，她才觉得可以得到父母的爱怜和呵护。**为了不失去父母的关注，丽莎无意中开发了一种应对策略，可称之为

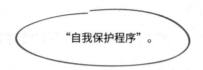

"自我保护程序"。

对于丽莎来说，逃避一如既往是上策，即努力避开冲突。自我保护程序遵循固化的信念和行为模式，旨在避免需

求再次受伤。

我们可以从中悟出什么道理？我们的行为通常由各种规则和既定流程所决定，在我们的生活中这些规则和流程被证明是有用的。因此，我们不必每天早上都重新思考为什么要锁门。我们知道我们应该做什么，也相应地付诸行动。在压力大的情况下，我们需要有快速、"本能地"选择正确行动的能力。然而，这些模式也限制了我们的反应能力。

当我们的需求受到侵犯或威胁时，我们在一定程度上遵循一种"内在的必行语句"，即根深蒂固的观念，这些信念告诉我们可以做什么或者不能做什么以应对危险。随之而来的不安感促使我们采取对应措施，这些措施通常来自我们的学习经历和遗传基因。它们主要可分为逃跑或者攻击：逃跑、隐藏、装死或者抗争。有时候我们也不知道该做什么，在不同选择之间陷入冲突而无法行动。

不管我们选择逃跑还是攻击，都遵循着以往的策略。如果逃避，那么我们选择的是努力远离危险的局面，希望可以"钻入地下"，或者把头埋进抽屉里，尽管这一切都是徒劳的。顺从也可以看作一种逃避，因为在这个过程中，我们否认了自己的合理需求。如果选择攻击，我们会采取一系列行动，包括责怪他人，要求他人满足我们的需求，采取惩罚措施，比如冷落、责备、抱怨或贬低他人等。

为了避免误解，我提示一下：自我保护是一个正当的诉求。然而我们这样做可能会为自己和他人都造成很大的麻烦。保护程序的某些结果可能非常有破坏性，比如贬低他人甚或发生肢体冲突，遵守"攻击是最佳的防守"原则，或者滥用权力，等等，这些都是有害行为的实例。**而借助躲避或逃避来保护自己也不能真正稳定局面，因为我们忽视了自我，丢失了自尊。**我在第四章会再次探讨这个问题。

痛点。

碰触到痛点就会启动自我保护程序，这个痛点所指的是基本需求确实已经受挫或是担心基本需求会受挫。在愤怒爆发时，真正的威胁会逐渐显现出来，但通常一开始只能猜测到。我们感受到的往往是灵魂的一阵刺痛，发出受到伤害的预警，随之而来的是我们内心的失衡。有时会出现无助、自卑、模糊的恐惧、羞愧或愤怒等情绪。

这种复杂的情感常常会伴随着纷杂的思想片段、相互冲突的需求和行为冲动。它在头脑和整个身体中蔓延开来，通过言语或沉默、声调、手势、姿态的变化表现出来。当然每个人都希望尽快摆脱这种不愉快的状态。因此我们会启动自我保护程序，尤其是当我们陷入以往的情感旋涡时更为强烈。通常它的反应异常迅速，以至于我们几乎察觉不到我们的真实情感（例如其实是生气而不是恐惧，或者是悲伤而不是愤怒）。我们通常没有意识到实际上它们事关基本需求。

一旦触及痛点，我们就会感到自己和周围的环境变得莫名其妙，似乎一切都显得不利。在这种关键时刻，

> 我们对自己和他人的看法都有了某种局限性。

我们的自我形象塑造了我们的自我认知，认为自己勤奋或懒惰，自信或缺乏自信，目标明确或迷茫，是早起的人还是贪睡的人，倒霉或走运，乐观或悲观，是享乐型还是苦行僧，等等，这个列表可以无限地继续下去。同样，我们对他人也有自己的看法（我们对他人的看法，即所谓的他人形象），我们赋予他们一些特征，这些特征并不总是准确的，但可以为我们提供大致的方向：天真、爱算计、渴望权力、自私、谦虚、可爱、胆小、专制、孩子气、成熟等。所有这些归类都是简化的，但它们帮助我们找到自己的定位，界定自己，把自己归类，并证明自己。

自我形象和他人形象不是一成不变的，**也许你已经注意到，你可能与某些人相处得很好，而另外一些人则会让你失去活力以及自信心。**你可能会记得一些老师，他们令你感觉到自己是一个失败者，或者是一颗希望之星；记得父母认为

你永远不可能有所作为，或者给了你良好的自尊心；记得那些同学，他们对你视而不见，或者乐于和你交往。这些形象储存在我们内心，让我们变得坚强或者脆弱。

大象出现的时候，我们会立即陷入一种状态，它让我们再次体验到曾经的某种伤痛。 在上面提到的故事中，丽莎推导出自己的形象是："如果我坚持自己的观点，我就会不受人喜欢。"这种态度当然不是通过有意识的思考，而是无意识地形成的。亚伦·贝克把这种对自身基本而持久的看法称为"基本设想"，这种自我形象显然对丽莎的自尊心产生了负面影响。它也可能影响她与其他人的关系，因为通常友善的外表下隐藏了她真正的感受。

同时对于丽莎来说，这也形成了一种他人形象："只有当我表现好的时候，和我打交道的人才会喜欢我。"因此，自我形象和他人形象互相影响，它们是同一枚硬币的两面。

丽莎的大象源于希望得到无条件的爱和安全感，但这个基本需求没有得到满足。 因此她逐渐描绘出一种与她负面经历相符的自我形象和他人形象。为了避免进一步的失望，久而久之形成所谓讨好型人格。

这个痛点显示了丽莎由于无法处理好自己与他人之间的关系，常常会陷入一种自我保护状态。这个痛点的根源在于：

需求曾经受到过创伤。

这种关联并不是显而易见的。我们的认知框架决定了我们如何感知事物以及如何应对当前的挑战。**一个突发的难堪局面可能将我们置于一种短暂的"童年模式"，我们在身体和心理上感觉像一个孩子，其导致的后果是无法解释的无助、恐惧、愤怒、悲伤、受到伤害等情感。那些对我们不利的认知框架形成了那些躲在后面的大象。**然而，并不是每次基本需求受挫都会自动留下痛点，有时新的正面经验可以矫正不良的自我保护程序。

- 在情绪激动的那个瞬间，自然不容易意识到痛点因何产生，以及我们该如何保护自己。
- 注意到我们的自我形象和他人形象发生了不利的变化。
- 回忆起痛点在以往经历中的根源。

我们困囿于当前的情绪状态，很难真正关注到自己的内心。接下来讨论的大象故事将逐步帮助我们了解这些内在过程，我们的目的是通过了解我们的大象，认识到在关键情况下我们真正需要什么。为了达到这个目标，我们要偶尔停下来，去感受我们的基本需求，意识到在情绪爆发时做什么对我们有益，看看是否有更好的方式来恢复我们的内心平衡。

　　当我们学会坦率地表达自己的敏感和脆弱时，对方才会有机会更好地理解我们，我们也能更好地理解他人的痛点。

　　顺便提一下，我们的大象与通常说的滤镜有些相似，这种滤镜让情人眼里出西施。每个人都知道这种滤镜非常影响我们的思维方式。不过，与日常琐事导致的压力相反，这种思维方式的结果令人愉悦，前提是爱得到了回报。戴上滤镜后，我们的行为不仅会受经验的影响，还受到荷尔蒙的影响。

　　以下示意图概述了大象的各个部分：

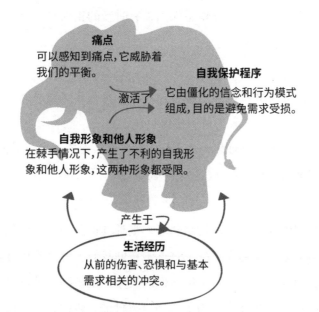

痛点
可以感知到痛点，它威胁着我们的平衡。

自我保护程序
它由僵化的信念和行为模式组成，目的是避免需求受损。

激活了

自我形象和他人形象
在棘手情况下，产生了不利的自我形象和他人形象，这两种形象都受限。

产生于

生活经历
从前的伤害、恐惧和与基本需求相关的冲突。

生活经历及其痕迹：七种典型的大象

深度困扰产生于基本需求反复受挫。这种受挫主要是在童年时期形成的，因为那个时候孩童完全依赖于他们的亲人。在这种情况下，他们的求助信号如喊叫、哭泣、愤怒或者反抗，甚至生病，都没有得到回应。

很遗憾，在我们的社会中，我们经常会有这种噩梦般的童年经历。心理学家杰弗里·杨（Jeffrey Young）及其团队根据他们的治疗经验列举了一系列基于需求严重受损的认知框架。这种生活经历可能会对心理健康产生不良影响，且需要接受心理咨询及相关治疗。

然而，即使没有过被极端忽视和虐待的经历，一旦人们的基本需求受损，也会破坏精神的平衡。作为"健康"的成年人，我们偶尔也可能受到"以往情感"的影响，这是完全正常的。为了理解为什么我们在某些情况下会情绪低落，我们需要明白我们因什么事情联想到了什么（可能是某个基本需求受损），以及在这一刻我们真正需要什么（满足这个基本需求）。然后，我们可以进一步探讨更好地应对这种情况的可能性。

你可能会想："很高兴我的父母满足了我的重要需求。"或者会想："真希望当时我的父母满足我这样或那样的需求，因为它会帮助现在的我。"为了更好地理解这样的想法，我在下文中以我们的主人公为例，再次讨论与此相关的基本需求，并阐述需求受损可能会留下哪些痕迹。这些需求包括稳定的依附需求、受重视的需求、对独立自主的需求和对公平对待的需求。根据我的经验，这些是在日常生活中最常触发痛点的需求。当然，其他需求受到侵害也会留下痕迹。比如缺乏安全感也可能引发恐惧和自我保护程序，令好奇心受到压制。

你可能会在其中一些大象身上找到自己，而对另外一些感到陌生，请选择你熟悉的或认为与你有关的大象。

大象一："我害怕失去呵护"（丽莎的大象）

丽莎是一个想让所有人都对她满意的人。她对别人一向友善，从来不惹麻烦，也能够很好地理解别人。每个人都可以向她倾诉自己的问题，她乐于助人，有点讨好型人格。她甚至没有注意到深夜电钻的噪声，更不用说向邻居投诉了。她丈夫对邻居的不满以及宣称要和邻居理论的话，加剧了她的恐惧。然而她也不敢阻止他，因为这可能会引起他对她的不满。

丽莎和比她大五岁的姐姐一起长大。她们的母亲二十岁就结婚了，从没有上过班，婚后直接做了家庭主妇。丽莎的父亲是一名建筑承包商，家里的大小事情都是他说了算，丽莎的姐姐从小就桀骜不驯，青春期更是叛逆。父亲的咆哮、打骂，甚至是数天的家庭禁闭都无法压制她的反抗精神。有时候父亲威胁她，如果她不听话，就把她送进福利院。

十二岁时的一次经历对丽莎产生了深刻的影响。她父亲和当时已经十七岁的姐姐发生了激烈争吵。尽管父亲明令禁止，姐姐还是出去了。当她回来时，发现父亲在门厅里怒气冲冲地等着她。姐姐不耐烦地说："你无权对我指手画脚！"父亲气急之下打了她一个耳光。正在门口擦鞋的丽莎没能像往常一样及时躲开。她在害怕父亲和同情姐姐之间犹豫不决，大哭着紧紧抓住了父亲，父亲明显感到不知所措，也不能使劲推开她。此时，姐姐趁机跑进她的房间并反锁上了门。父亲的骂声逐渐转变成对丽莎结结巴巴的解释，说他为什么不能容忍丽莎姐姐的这种行为。随着父亲的愤怒情绪逐渐平息下来，丽莎感到了一种自豪和满足感。这是一件对她影响至深的事情。从她记事以来，她总是去关心那些弱势群

丽莎的大象

蚊子

邻居因晚间噪声做出的无端指责。

激动情绪

受到威胁的感觉。油然而生的想法是："但愿她相信不是我发出的噪声！"

大象

痛点

害怕冲突，害怕眼下邻居的愤怒。害怕被拒绝，害怕失去保护。

自我保护程序

根深蒂固的观念：
"我可不能惹麻烦！"
"我无法忍受有人对我生气，我不愿失去他们的友爱和认同。"

行为模式：对所有人都很友善，尽量避开冲突。

自我形象："我必须一直听话和保持友善，否则我就不讨人喜爱了。"

他人形象："我如果反叛，就会受到惩罚。"

生活经历：缺乏稳定的关系，害怕别人发脾气，不知何时能自己做主，自我决定和服从他人的界限不清晰。

体，并展现出惊人的勇气和反抗精神，而这些特质在处理事关"自我利益"的问题时并没有表现出来。

我们可以很快勾勒出丽莎的大象。在缺乏独立性的母亲和反抗父亲权威的姐姐身上（姐姐的形象令她害怕），她看到了个人的独立自主这个基本需求会威胁到另一个更基本的需求，即对爱和呵护的需求。她母亲非常害怕和父亲发生冲突，并教导她要避免一切可能会激怒父亲的行为。

为了应对这种情况，必须培养自身对危险信号的敏锐触角，因此她的策略是对他人更多地表现出同理心。此外，她还有这样的经验，表现得不独立也有好处，因为这可以满足父母关心和支配子女的需求。

大象二："我没有受到尊重"（斯特凡的大象）

斯特凡生气不仅仅是由于车身是否被剐蹭这个不确定因素，还因为那位车主的处理方式。对方无视他对自己新车的担忧，他认为这是不尊重他，伤害了他的感情。

斯特凡出身于一个普通家庭，上面有哥哥，下面有妹妹。他觉得自己的童年很平凡，没有什么特别的经历。他的父亲是一名汽车修理工，母亲在孩子出生后放弃了工作，成了家庭主妇。他们一家人住在祖父母留下来的房子里，房子周围是广阔的草地，后来这些草地被豪华住宅填满，各种炫耀身份的汽车挡住了孩子们踢足球的场地，但从未有车主出来为此道歉。反倒是那些邻居经常在斯特凡的父母那里抱怨孩子们踢足球会碰到他们的车子，这令他们一家人感到非常尴尬，因为他们觉得自己低人一等。在这种地位差异面前，低调、谦卑变成了他们最重要的座右铭。斯特凡记得最使他感到羞辱的是，有一次他迫于父母的压力，不得不亲自向一位邻居道歉，因为一颗湿漉漉的足球又一次落在了这辆"豪车"的引擎盖上。这当然不是他故意的！这种被迫的谦卑姿态伤害了他的自尊心。其实当时的他更想发泄一下自己的愤怒。斯特凡等待着父母有一天会站在他这一边，毕竟早在这些"新富"把一切都占为己有之前，这里是他玩耍的地方。

斯特凡还记起另外一个和汽车有关的故事。十岁的时候，他曾经去他父亲的工作车间。他的父亲正在试驾一辆豪华轿车，斯特凡一同乘坐，那些路人嫉妒的眼光给了他一种难以忘怀的兴奋感。到了青春期，他本来就已经很脆弱的自尊心又一次受到了打击，他的朋友都转学去了更高级的学校，大家也不再踢足球，而是选择骑马或者打网球，斯特凡引以为傲的球技无处可施。在职业选择上，斯特凡走上了父亲的职业道路，成为一名职业汽修技师。现年三十一岁的他在一家高端汽车制造商的公司有一份体面工作。

斯特凡的大象

蚊子
他的新车被误认为受到了损害，另一位车主对此过于冷静和理性的反应。

激动情绪
愤怒和持久的怨恨。油然而生的想法是："我不能接受别人对我这种态度！"

大象

痛点
感觉自己被忽略和羞辱，不被重视和尊重。

自我保护程序
根深蒂固的观念：
"我必须自我防卫，否则我就不会被人认真对待！"

行为模式：大声捍卫自己的权利。寻求别人的认可，贬低他人。

自我形象："我比别人差，别人都更优秀。"

他人形象："大多数人都很傲慢，因为我的出身瞧不起我。"

生活经历：因社会地位差异而受伤，缺乏他人的理解和保护。

车上的所谓划痕以及对方司机冷漠的反应，威胁到了斯特凡渴望受到尊重的基本需求。对方的傲慢行为唤起了他的旧伤。他感觉自己像个被抛弃的蠢孩子，他和他的六缸发动机都没有得到任何尊重。即使他威胁要报警，也毫无效果，警察是不会来的，就像过去他的父亲不会站在他这边一样。感觉受到别人"居高临下"的对待，这对斯特凡来说是一个痛点。

即使拥有备受尊敬的职业和能象征身份的物质条件，比如新车和房子，他的自尊心仍未得到修复。通过这种应对方式，他的自尊心仍然有赖于他人的认可，而当他失望时，他会将怨恨发泄到这些人身上。

大象三："我无法划定自己的界限"（彼得的大象）

因乱放的袜子导致伴侣的争吵源于两头大象的相遇。在本书开头的章节中，安娜的大象是焦点。这可能让人误以为夫妻之间的问题主要源于安娜的不满。如果她不经常挑剔彼得，并承认他有更重要的事情要考虑，而不是那些未整理的袜子，那么一切都会没问题。这种肤浅的看法符合彼得最初对问题的评估："如果安娜不再抱怨就好了！"彼得认为，如果他整天在公司辛苦工作，那么晚上他就有权让自己（包括他的袜子）放松。他感到疲劳，需要休息。

从这个角度来看，他希望对方满足他对得到理解的基本需求。然而，妻子的责备也引起了他的担忧。他很清楚，安娜为了搬到慕尼黑做出了多大牺牲，她多么惦念自己的工作，空着的儿童房间时刻提醒着她未实现的生育愿望。而且，他们之间的浪漫时光也渐渐减少，他几乎不再是一个体贴的伴侣，他感到自己对这种局面是负有一份责任的。但为什么对他来说，谈论这些问题并一起寻找解决方案如此困难呢？为什么他要用报纸遮掩自己的内疚感呢？

为了进一步理解，我们再来看一下他的生活经历。彼得是一个独生子。父亲是一名火车司机，由于工作原因很少在家，教育孩子的工作主要由母亲承担。彼得成了她的生活中心，她的一切。她总是精心为彼得准备生日派对，尽量让他感到开心难忘。彼得相信妈妈希望他永远是个小孩子，不能接受他的倔强和叛逆，她也很难给他自由的空间。如果他没有按时回家，她就会非常担心，然后迎接他的就是一顿"活生生的指责"。由于母亲的悉心照顾，彼得的卧室总是整洁有序，直到他进入青春期时，他的衣服仍然是母亲为他挑选的。

他十五岁那年，母亲擅自给他买了一条新裤子，然而这种款式已经过时了。他生气地摆了一个激烈的手势拒绝了这条裤子，而他敏感的母亲可能把这看作一种攻击行为。母子

彼得的大象

蚊子
安娜很生气，要求他动手整理自己的袜子。

激动情绪
生气的感觉。油然而生的想法是："她又开始抱怨了！我再也无法忍受了！"

大象

痛点
害怕冲突，在生气中混杂着旧有和新生的负疚感。渴求理解，却不知到底该自主决定还是服从他人。

自我保护程序
根深蒂固的观念：
"如果我不听从她的，就会失去她的关注！"
"我妻子的不满是我的错！"

行为模式：强调疲惫，选择退缩，避免冲突，避免公开讨论。

自我形象："如果我表达自己的需求，就不会受到别人的喜欢。"

他人形象："别人认为我应该对他们的不满情绪负责，想主宰我。"

生活经历：由于母亲的过度干预而忽视了自主性，导致不知到底该自主决定还是服从他人。

之间冷战了好几天。只有当彼得胃肠不舒服时，她才又变成了贴心的母亲。后来彼得读大学没有遵从母亲的意愿选择就近的大学，而是去了更远的地方，他为此感到很内疚。

彼得与父亲的关系则完全不同。尽管父亲几乎没有管过彼得的教育，但他为彼得的成绩和工作感到自豪。也许是因为他父亲很少在家，比起母亲，彼得更爱他的父亲，有时候他似乎觉得母亲有些嫉妒父亲。因为当他和父亲一起在父亲的小作坊里做手工时，母亲就会叮嘱他要先完成学校的作业。

总而言之，他对于母亲的过度关心有着"充分的理解"："母亲就是这样的！"毕竟，他认为自己已经"有所成就"，他对自己的生活感到满意。然而仍有一根刺，一个痛点没有得到治愈。彼得对划定界限和寻求自主的基本需求，与母亲充满占有欲的爱之间不断发生摩擦。他无法忍受看到她的忧虑或不安。他无意识地给自己制定了一个任务，即永远做个"乖儿子"。因此在对应策略上，他学会了如何压抑强烈的冲动，并在发生冲突时选择退缩，结果就是内心深处会产生内疚感和怨恨。

我们不难看出躲在彼得蚊子后面的大象：妻子的不满是可以理解的，一方面，妻子理所当然的不满提醒他如何处理伴侣关系，即在利益发生冲突时要寻找妥协的方式；另一方面，安娜因一些琐事产生的责备触发了他之前的内疚感和备受压抑的愤怒。在他们夫妻最初的谈话中有过一场激烈辩论，他指责的语气点到了关键："你有时候就像我的母亲！"在观察那头凸显出来的大象时，他说："我感觉自己就像个孩子！"

大象四："我渴望得到重视和尊重"（安娜的大象）

安娜的愿望是有一个温馨而稳定的家庭。为了实现这个愿望，她付出了很多。在她还单身时，她能够满足自己一些重要的基本需求，如保持个人独立性和从工作中获得尊重，但这是以不断符合他人的期望，也就是符合该公司的规定为代价的。她几乎没有时间去培养个人爱好或者从事其他休闲活动。她的工作强度也影响了她与朋友们的往来。

安娜觉得自己的童年时光很幸福。她在家中排行第二，有一个比她大两岁的哥哥和一个妹妹，因为父母工作比较忙，当时她要经常帮忙照顾小妹妹。在她五岁时，父母决定买房子。由于财力有限，只要公司不忙，父亲就到建筑工地帮忙，母亲也要经常加班。由于不断的工作压力，家庭氛围变得越来越沉闷，父母要求孩子们（尤其是女孩们）多做些家务，他们自己也每天工作到筋疲力尽。全家人在一起休闲度假的时光变得越来越少，孩子有了问题只能自己处理，她的父母也没有在夫妻之间彼此关爱方面做出榜样。房子建好后，母亲依然加班，父亲扩大了生意，据说是为了偿还房贷。在一次治疗会谈中，安娜想起了她十岁生日时在脑海中闪过的一个思绪：在歌曲《祝你好运和多福》的最后一段，她记得家人总是唱道"健康和财富同在"。而在邻居家，他们在同样的地方唱的是"健康和快乐同在"，只是一个小小的差别，对孩子们来说却可能是天壤之别。

安娜还记得，她上小学时，完成家庭作业后就开始匆匆忙忙地打扫厨房，把一切都擦得锃亮，然后想象着母亲回家后会表扬她。之后她确实会得到母亲的微笑和表扬，这对她来说很重要。

审视一下安娜的大象，可以看出她在家中缺乏关注，得不到重视。只有当她在家中尽力帮忙时，她才会得到重视和赏识（这是她的应对策略）。把履行职责当作最高原则阻碍了其他的基本需求的发展，尽管后来她在与更多人的接触中不断完善自己，但是在家庭中，遵守父母的规范仍然是她获得安全感的保证。

因此，安娜的大象包含了一种过时的应对策略，以满足受挫的基本需求。旧的规则"如果我能做好家务，我就会得到认可，得到家庭的呵护"，这时已不再奏效，对她自己来说也不再适用。

她好朋友建议她先找一份满意的工作，让她丈夫自己去洗袜子。这看似是个合理的建议，但这是她真正追求的吗？

安娜的大象

蚊子
看到彼得乱放的袜子和拿起的报纸。

激动情绪
油然而生的想法是："我总得在他后面收拾，我又不是他的女仆！"

大象

痛点
她因冲突恼火，对生活状况不满。愤怒和失望的情感交织在一起。渴望受到尊重和有自主的空间。

自我保护程序
根深蒂固的观念："我必须把个人的愿望放在一边！履行职责，就会得到呵护和重视。"

行为模式：努力维持完美的家庭。压制自己真正的不满，并对"小事"唠叨不休。

自我形象："我自己并不重要。"

他人形象："每个人都在履行自己的义务，大家总是疲惫不堪，没有时间彼此关爱。我本人的需求可能会苛求别人。"

生活经历：缺乏关爱、自主，自我决定和服从他人的界限不清晰。

这只解决了问题的一部分，因为她渴望在独立生活后，和她的丈夫过上温馨的家庭生活。

自从童年结束她离开父母之后，她的生活中出现过许多警示牌，告诉她应该做什么或不应该做什么。而关注自我的情感和需求却被禁止了，她逐渐忘记了它们。

在和彼得的爱情中，起初她觉得自己很容易被接纳，无须通过取得成就来获得重视。她幻想着就像童话故事中的情节，在新一天的清晨，自己被唤醒，一切都变了。他们有着共同的目标，一起踏上探索之旅，允许对方向自己示弱，互相依靠，彼此陪伴，未来一起养育孩子。然而在与彼得的冲突中，她感到深深的失望和无助，因为原有的应对策略，如履行义务和抑制自己的感情不再奏效。而且她选择的男人像她母亲一样，面对压力选择的是逃避。

彼得和安娜都在努力满足各自的重要需求，尽管他们不能立刻明确地表达出来。彼得有着一份出色的工作，也希望这能得到妻子的认可，并且他的大部分工资都上交给了妻子。按照他自己的说法，他没有足够的精力来参与家务，也没有办法消除安娜对自己生活状况的不满。

彼得已经觉察到问题不仅仅是乱放的袜子，但他避开了争吵。他觉得自己就像回到了童年，他的愤怒既针对自己，因为他无法摆脱小时候留下的负疚感；也针对他的妻子，因为是她唤醒了他的这种负疚感。他试图找到一种解决方法，如"我（在财务上）照顾你，你（在家务上）照顾我"，但这种方法显然行不通。

对于安娜来说，和彼得关于袜子的争吵先是因为她很生伴侣的气。彼得没有尊重她对整洁的要求，也没有认识到她为营造一个温馨的家所付出的努力。与此同时，她童年时的应对模式不再适合她作为成年女性的自我认知。为了母亲或丈夫的微笑而打扫，直到一切都锃光瓦亮，就是她现在最大的幸福吗？这个等式早已不再成立，因为它反映出一种童年的依赖性，而她认为自己通过独立生活已经克服了这一点。她也很生自己的气，因为她感到无助，不知道拥有自我主动权的生活应该是什么样子。在父母家中，她找不到榜样，得不到理解，不知道如何去感受和表达自己的需求，如何在面对他人期望的同时尊重自己的需求并得到爱和呵护。

在这个背景下，乱放的袜子就不再是小事，因为它们唤起了旧时的情感和无效的防御机制，而这些机制反过来又伤害了对方的基本需求。因为两人都采取了各自的自我保护程序而导致了冲突，整个局面越来越激化。所以，相互理解变得越来越困难。由于无法意识到深层的需求，因此也就没有共同话题了。

大象五："我感到格格不入"（塞巴斯蒂安的大象）

还记得吗？在那次准备旅游食物的短暂电话后，塞巴斯蒂安有一种模糊的失落感。与朋友共度假期的欢乐突然消失了。他感到疲倦，心情不好。他脑子里产生的第一个想法是："实际上他们并不想和我们在一起，所以他们只买了自己的食物，至少我是不受欢迎的。"另外，他不太愿意想到的一点是："这些人本来都是我妻子的朋友，我只是附带品。"他的思绪被一位同事的来电打断，但他并不认为这是干扰。他给出了解决问题的正确建议。他自然而然地想："嗯，没有我，他们就束手无策。"这使他确信自己是被需要的，"他们会很高兴我回来"。在心理疗程中，塞巴斯蒂安意识到他经常抱有这种想法。他的反应方式遵循着根深蒂固的观念，就像在两次通话中那样：**"只有他们需要我时，我才能确定自己属于其中。"**为了避免自己的归属需求受到伤害，**他采用这样的方法来应对："只有我特别努力时，人们才需要我，所以我会努力！"**这种复杂的反应模式可以归结为这样的自我形象："如果我什么都不做，我这个人就没有多大价值。"

这样我们就勾勒出了大象的轮廓。但塞巴斯蒂安对自身的看法并不总是那么消极的。他非常清楚自己有许多优点，很少会受到这种自我怀疑的困扰。他为自己的成就感到自豪。然而他内心早已形成的认知框架偶尔会被激活，为了探讨这种认知框架形成的原因，先来看看他童年和少年时代的故事吧。

塞巴斯蒂安的父母拥有一家木工作坊，工作繁忙，他和他的弟弟妹妹从小就帮忙打扫作坊。

父母性格非常内向，两人之间的关系也比较疏远。他猜测母亲可能是因为生计困难嫁给了作为手工业企业主的父亲。一开始，塞巴斯蒂安作为父母的心头宝贝备受疼爱。然而，随着弟弟妹妹的接连到来，他被"推下王位"。有一段时间他表现出强烈的嫉妒，但他的父母很不理解："你比他们大很多，所以要更懂事！"这样的话让塞巴斯蒂安很失望。

母亲非常重视孩子的教育，小学毕业后，他和弟弟妹妹都去了距离家十公里远的一所中学。塞巴斯蒂安以出色的学业成绩满足了母亲的期望，而父亲对他的成绩并不感兴趣，因为相比之下，他弟弟的手工技能更符合父亲的期待。看到父亲夸奖弟弟并教给他手工技能时，他感到很痛苦。"我并不是他理想中的儿子。"在这种困境中，他又能做什么呢？于是他觉得："如果我在家里和作坊里多帮忙，那么我就是被需要的，我就是家里不可或缺的一分子。"

他在学校成为局外人也有很多原因。由于当地既没有幼儿园，也没有和他同龄的孩子，所以他没有像其他孩子一样

塞巴斯蒂安的大象

蚊子
一位朋友听上去不友好的简短回答。

激动情绪
突然感到失望和困惑。油然而生的想法是："他们不需要我。"

大象

痛点
害怕被拒绝，害怕失去稳定的关系。

自我保护程序
根深蒂固的观念："我不受欢迎，当我做出成绩时，他们才需要我。"

行为模式：因为害怕失望而选择逃避。

自我形象："我现在这样还不够好。"

他人形象："他们需要我的时候，才会对我示好。"

生活经历：缺乏归属感和他人的理解。

在幼儿园里学习到如何交朋友，不知道如何在同龄人中找到自己的位置。但是塞巴斯蒂安是班上成绩最好的人之一，他能够帮助同学们解答一些课堂难题。这种时候，他就很受欢迎。不过，这又引起了一些同学的嫉妒，他们不择手段地来整他。塞巴斯蒂安在接受治疗期间回想起一件到现在依然让他羞愧和愤怒的事。一次课堂上，坐在他后面的同学大声喊道："瞧，塞巴斯蒂安的头是木头做的！"出于尴尬，塞巴斯蒂安用手摸了一下头，一些木刨花轻轻地飘落到他的桌子上，他顿时觉得天塌下来了一样。所有人都在笑话他，甚至那个他一直欣赏的同学也在笑他，难道他要解释一下，是因为自己早上帮忙打扫了父亲的车间吗？他在家里那么勤快，就是为了不落在弟弟后面？塞巴斯蒂安连续几天都沉默不语，直到一个数学不及格的女同学请他帮忙，他才找回了内心的平静。

塞巴斯蒂安后来通过努力完成了高中和大学学业，有了一份不错的工作，也遇到了自己的人生伴侣。然而，内心深处的痛点一直存在：在人际关系中，他不能明确地肯定自己是否受欢迎，而这会导致他产生不可控制的情绪。

在上面的这个故事中，我们不难看出塞巴斯蒂安的思维模式：**觉得自己被需要时，他就会感觉良好；当他对此有疑虑时，他的大象就会出现。**在接受治疗之前，他并没有意识到自己的固有认知给他造成了困扰，他的争强好胜令他疲惫不堪。**他尽量避开一切社交，这虽然让他免于受伤害，可也让他无比孤独**。在治疗开始之前的两年，他遇到了一次严重的危机：他此前负责的部门在一次企业重组中解散了，他被安排了新任务。一开始他对新任务并不熟悉。虽然他通过巨大的努力很快弥补了最初的能力不足，但对新组织中爆发的权力争斗却毫无准备。由于对人际关系感到失望并且缺乏对自我的认可，他渐渐表现出抑郁的症状，不得不接受心理治疗。

塞巴斯蒂安的生活经历相对平淡无奇。在三岁之前他对爱和呵护的基本需求都得到了满足。但是弟弟出生后，他感到自己逐渐被忽视，在学校被排挤的事情加剧了他不被接纳的感觉。塞巴斯蒂安的基本需求，特别是对稳定的关系以及受重视的基本需求无法得到满足。他的自尊受到了打击，产生了负面的自我形象。他试图通过出色的表现来弥补这一点。当他感觉自己不被需要时，他就会回避与他人建立联系，因此，回避社交成为另一种应对策略。

这些自我保护的方式只能短期内起到作用，从长远来看，它们阻碍了塞巴斯蒂安对其他技能的获取，例如掌握社交技巧的能力。当触及痛点（不确定自己是否受欢迎）时，他的情绪就开始不好了。

塞巴斯蒂安能从这些认知中获得什么好处呢？首先，他知道了需要认真对待自己的感受。其次，他通过了解自己的大象更深刻地理解了自己为什么有时会陷入负面情绪。他学会了在面对情绪时停下来，去思考它的真正原因。他知道了自己在度假时为什么不开心，他当时在担心什么，也知道了自己内心深处在渴望什么。

除了前面提到的那些大象之外，接下来这两头大象也是我们经常会遇到的。

大象六："我总是不得不退让"
（西比莉、保罗和安妮特的大象）

经常感到被忽视是许多人熟悉的感觉。其中可能隐藏着不同的痛点：感觉不被重视、遭到不公平对待……同样的情况对每个人来说又可能有不同的意义。

我们先观察一些日常小事：

西比莉在超市收银台前排队。由于人流拥挤，第二个收银台也开始运作了，她犹豫片刻之后走了过去，却不小心撞到了另一个走过来排队还没有一秒钟的顾客。她压低嗓音对他说："请你像其他人一样排到后面去！"另一个人则捡到便宜还卖乖，他嘲讽道："可惜你运气不好，站错了队……"

西比莉觉得这个回答非常无礼，她自己是永远说不出这种话的。一时间也找不到适合的话语，她想："这种人就是这么无赖。下次我可不会再忍受了，我会当着所有人的面揭露这种粗鲁人。真是太无礼了……"这些思绪在她的脑海徘徊了半个小时，晚上临睡前还在想，令她感到疲惫不堪。可她内心的真实想法却是："等到下次你又会畏首畏尾的！"

保罗在一家餐厅里就座。他看到服务员忙得不可开交，做好了要等待一段时间的准备，但最终还是变得不耐烦起来。他招手喊服务员，没有得到回应。与此同时，旁边的一桌客人坐了下来。服务员立刻赶了过来分发菜单，并且还闲聊了几句。沮丧的保罗放下了手臂，就在服务员来到旁边的餐桌记录点餐时，保罗站起来大声呵斥道："你的眼睛长在哪里了？我已经等你十分钟了！"然后他陷入沉思："我到底有什么问题，为什么总是被冷落？"

安妮特已经结婚五年了。她有一份半职工作，丈夫做全职。这对夫妇有两个上小学的孩子。这个星期六，她丈夫不得不再次去办公室加班。他的工作压力很大，他在前一天晚上已经开始抱怨了。早上道别时，他突然想起，自己不能像往常的周末那样去购物，于是对妻子说："你可以帮忙买菜吗？我今天实在没时间。"安妮特想："居然还有这事，他现在总是去加班，我又得去做那些破事！"她说："那我该买点什么呢？"他说："随便买点，买什么不重要，你想做什么饭就买什么菜。"她明显激动了起来："你为什么认为我应该做饭？"她的丈夫一只脚已经跨出门了，此时语气也带着烦躁："你看不出我很赶吗？我现在没有时间讨论这些！"安妮特生气了。买菜和做饭对她来说实际上不是问题，让她生气的是这样一种想法：对她的丈夫来说，他的工作总是排在第一位，照顾家务就理所当然地成为她的事。这种分工不公平！在之后的几个小时里，她的情绪都很差。

在这三种情况下，当事人都感到被忽视或受到不公平的对待。如果不是因为陈旧的认知框架作祟，他们可能会用这种思考方式来处理这种情况："我以后不会再容忍这种情况！""我的退让没有得到尊重，下次我会更早地让人注意到我！"或者"真是的，好像我今天生的气还不够似的！"但西比莉、保罗和安妮特不是这样的，这种令人生气的事件引发了一种内心不平衡的情感："我总是不得不退让，而别人就可以轻而易举地如愿以偿！"类似的想法在头脑中一次又一次地浮现着。

因此，我们有理由推测这里隐藏着一头大象。为了进一步勾勒出这头大象，我们来看一下这三个人的主要生活经历。

实际上，西比莉本来可以轻松地插到队伍里，说句"抱歉，我非常着急"就好了，然而，西比莉的父母是背井离乡的人，父母言传身教，告诉她要谦让，绝对不能自私。因此，她不会插队，不会只考虑自己的利益，也不会迅速利用每一次机会。这些对她来说都很陌生，因为这一切都违背了严格的行为准则：**"要谦虚，要体贴，宁愿让步，不要自私！"** 上幼儿园时，她从来不跟小朋友们抢玩具，在类似"抢椅子"的游戏中，她总是第一个被淘汰。后来上小学，哪怕她比别的同学更早知道问题答案也不愿举手抢答，她总是本能地选择忍让。

与保罗的故事相仿，她的被关注和被公平对待的基本需求也未得到满足。尽管她有时会感到不满，但她不敢表达这种不满，因为这可能会引来父母的责备，而且会让她质疑自己的价值观体系。

她认为不要把自己看得太重要。这伴随着一种道义上的优越感，她比那些自私自利的人更高尚。当邻居家的孩子因为一些事情争吵时，她会觉得他们没教养。她总是习惯性地忽略自己的情绪，压抑自己的需求。

因此，在收银台排队等待时，西比莉的问题不在于想节省时间，而是因为插队的顾客让她对忍让这种"美德"产生了质疑。她内心深处无法容忍他人的自私行为，却又不知道该如何去应对。

"我到底有什么问题，为什么总是被冷落？"保罗心里很痛苦。其实就当时的情景来看，一大群人要比一个单独的客人更容易被忙碌的服务员关注到，但是有个来自过去的声音告诉他，他觉得自己不如其他人重要。

保罗的父亲在母亲怀孕时就离开了她。据说如果母亲同意堕胎，他的父亲可能会留下来。从某种程度上讲，保罗似乎就不该来到这个世上。由于父亲的缺席，他的母亲不得不独自承担起养育孩子的责任。她租了一间可以住宿的小店铺，在那里开了一家改衣店。如果有顾客光顾，她就会停下手中的一切，把孩子放在一边，然后去忙。常常忙起来就忘记了时间。对于一个孩子来说，这段等待时间可能会显得漫长无比。他记得自己有时候还会叫妈妈，试图引起她的关注。然而她会紧张地回应："现在不行！"他很快就沉默下来，继续等待或者返回自己的游戏世界。

保罗常常觉得自己像一个边缘人物，他在受邀参加活动、庆祝等事情上异常敏感。这实际上印证了他的内心想法："对于别人来说，我并不那么重要。"那种别人一出现自己就要被忽视的感觉给他留下了心理创伤，为了引起他人的关注，他经常带着糖果去学校分发，似乎他总是需要借助别的东西才能有一些存在感。

安妮特和比她小两岁的弟弟一起长大，弟弟身体不好，需要父母特别的关注和照顾。安妮特有不满情绪的时候父母会说："你就知足吧，你的情况比你弟弟好多了！"然而当时她只有六岁，哪里懂得这些？后来有一次她生气地说："那个讨厌的家伙又生病了？"于是她被父母禁闭了三天。

从她的角度来看，弟弟受到了过分的照顾，所有繁重的家务都是由她和母亲完成的。她有时候向父亲抱怨，但父亲早出晚归，回家的时候已经疲惫不堪，她得到的回答总是类似安抚的话语，比如："我们都必须尽最大努力去生活，我的工作也不是那么轻松的！"

安妮特希望得到公正和平等的对待，希望受到重视的需求显然受到了伤害。如果她提出反抗，就可能危及更基本的需求：得不到父母的爱和赏识。在这两难境地中，她学会了理智和体谅，将自己放在次要位置。

在小时候的安妮特眼里，"别人比我更重要，我必须放弃自己的需求满足他人"，这就是她对世界的看法。长大结婚后，她自然而然地总是把丈夫的需求和工作放在第一位。

出于不同原因，西比莉、保罗和安妮特都感到在付出和回报上不对等。他们倾向于把原本无伤大雅的挫折视为个人未受到重视，这就持续地滋养着内心不公平的感受。他们没有学会自我防卫，因为这与他们坚守的道德准则相矛盾。因而导致了愤怒情绪的积压，产生了心理压力，就像一座随时可能爆发的火山。

西比莉的大象足以说明这种情况。

西比莉的大象

蚊子
另一个顾客插队,而且还为他自己占了便宜沾沾自喜。

激动情绪
生气升级为愤怒。油然而生的想法是:"我总是被挤到一边。"

大象

痛点
自己的愤怒与克制的教条相冲突。害怕引起关注。追求公平和尊重的基本需求受到伤害。

自我保护程序
根深蒂固的观念:
"我不能插到前面!"
"我不应该让人感到不快!"
"谦让终究是一种美德!"

行为模式:避免冲突升级,咽下在想象中发泄出来的愤怒。

自我形象:"我是谦虚和体贴的,从不自私。"

他人形象:"多数人都是自私的。"

生活经历:不被允许突出自己,严苛的教条要求把自己的需求放在次要位置,这与自主和划定个人界限的需求相冲突。

大象七："没有人在乎我"（马库斯的大象）

马库斯以前是个物业管理员，后来退休了，就在自己的小排屋里独自生活。他和住在附近的姐姐几乎没有联系，唯一的朋友是他的狗。每个星期天上午，他都会去跳蚤市场溜达。一天回到家后，他决定做面条吃，却发现家里没有盐了。他想去姐姐那里借点儿盐，但她总是那么不友善，几乎从不理睬他。"我真的要向她求情吗？她即便是给我盐也是很勉强的。"他继续发着牢骚，"实际上我根本不需要她！她和大多数人一样自私。"马库斯的脑海里浮现出姐姐的一系列自私行为，越想越气，越想越觉得自己很孤独。

马库斯觉得："最好不依赖任何人！"他对安全感、理解、信赖的需求从未得到过满足。在他童年时，他的父母经常让他独自一人，他害怕被抛弃，害怕在面对问题时缺少可以倾诉的对象。他认为他的依赖需求是个人的弱点，因为他过早地被要求自己承担起责任，他的独立性是不得已的选择。

不需要依赖任何人成了马库斯的自我保护机制。寻求帮助有可能遭到拒绝，而他害怕被拒绝，于是选择独善其身。他对姐姐的自发愤怒也符合这个模式：她总是对他不友好，这就"证明"了，不必期待她会有所付出，这个理由足以让他去拒绝她。此外，生气要比被冷落而产生的痛苦更有利于达到情感的平衡，因此他选择了生气。

马库斯的大象

蚊子
求人帮忙的必要性。

激动情绪
怒气升级。油然而生的
想法是："我的姐姐对
我不好。我向她借盐肯
定会让她厌烦。"

大象

痛点
孤独，害怕被拒绝。
缺乏稳固的关系。

自我保护程序
根深蒂固的观念：
"最好不靠任何人。"

行为模式：自己照顾
自己，深居简出。带
着攻击性贬低他人的
心理，保护自己，以
免感到失望。

自我形象:"我只能依靠自己。"

他人形象:"每个人都把自己放在首位。"

生活经历: 缺乏亲切、可靠的关系，缺乏安全感。

　　马库斯的大象在许多人身上都存在。它也在保罗·瓦茨拉维克（Paul Watzlawick）一则有名的故事中出现过（《幸福指南》中"锤子的故事"）。在这个故事中，一个男人本来想从邻居那里借一把锤子，因为他想要挂一幅画。然而，一想到这个邻居，他就想起了各种负面的事情，于是他产生了一种想法，认为邻居对他不友好，因此他绝不会求邻居帮忙。他越想越生气，最终冲到邻居家门口，按了门铃并大声喊道："锤子你自己留着吧，你这个浑蛋！"这是一个典型的难以解释的行为案例，也是一个"自证式预言"的案例。他对他自己创造出来的他人形象做出反应，且没有给邻居一个纠正偏见的机会。根据我们的 MEA 公式，这种行为完全可以理解为过去的需求受损之后的一种自我保护机制。

　　情绪状态就像天气一样，有稳定的高压和低压，也有突然的气象变化，就像气象学家可以在了解大气影响的基础上预测天气变化一样，当我们了解了自己的弱点和大象后，我们的情绪变化就能可预测和可理解。

　　接下来的两章我们将一起探寻你自己的基本需求踪迹，以及它在你的生活中是否得到满足。

当人与自己真正的需求脱节时，
所有的一切必然成为一场战斗。

——阿尔诺·格鲁恩

追踪痕迹:
你了解自己的基本需求吗?

对于我们的主角来说，这本来可以是愉快的一天：

- 丽莎的邻居会在早晨带着一束花来到门口，为她夜间
  的干扰表示歉意，并强调她多么高兴有像丽莎这样一
  个好邻居。
- 另一位司机对斯特凡的激动情绪表示理解，而且对他
  的新车表现出浓厚的兴趣。
- 安娜的丈夫回到家后，会对为什么晚归做出解释，或
  许会请求安娜给他一个短暂的休息时间来放松一下，
  然后就主动去整理四处散落的袜子。最后他可能会拥
  抱安娜，问她是否愿意告诉他，为什么最近她总是那
  么紧张。
- 彼得的妻子可能已经在门口迎接他了，她会说："又是
  漫长的一天，你肯定累了也饿了。先休息一下吧！稍
  后我还想和你讨论一些我认为很重要的事情。"

- 塞巴斯蒂安接电话时可能会听到这样的问候："很高兴
  你们快要到了，我们要等你们一起吃饭吗？"

这对这些人来说会是心灵的抚慰，是治愈他们痛点的良
药。这个信息传达的是：你受到了重视，你受到了尊敬，你
被看见，你被理解，你是受欢迎的。亲爱的读者，或许你有
时也渴望得到这样的对待。本章将帮助你去寻找自己未被满
足的基本需求的痕迹。

也许在之前的章节中，你已经在某些方面受到了一定的
启发。接下来的篇章完全围绕着你来讲，这可能会让你感到
不习惯，但这很重要。不懂得关注自己会伤害一种核心需
求，即自尊的需求。也许有些事情你觉得奇怪，因为它们不
太符合你对自我的认知。追寻这些痕迹将向你展示，你的需
求是合理的，你的情感需求并不过分，是可以理解的，但你
要理解这背后的原因。

所以，我想鼓励你对自己的人生做一个阶段性的自我
总结：

我目前的生活过得怎么样？什么带给了我满足感？生活
的愉悦和幸福时刻有哪些？我在哪些方面特别努力，取得了
哪些满足重要需求的成就？此外，我感受到了哪些不足？我
会回避哪些情境？什么会威胁到我的平衡感？

根据当前生活状况不同，这种内心总结可能会有很大的

不同。有时：

- 我们会心怀感激，意识到我们的生活总体上是多么充实满足。
- 我们可能工作上刚刚得到升迁，或是陷入新的恋情，财务状况得到暂时的改善。
- 我们可以专注于一项使我们感到快乐或有意义的工作或任务，并全身心投入其中。
- 也有情绪低落的时间段，觉得这好像不是我们的生活，这好像与我们的需求无关，我们只是在机械地运转。
- 大大小小的灾难可以在刹那间改变我们的生活，突然间一切都再也回不到从前。
- 我们感觉到暂时的疼痛，例如腰部扭伤或牙根发炎引起的疼痛（尽管我们的生活依然充实，但此时唯一的愿望是身体康复）。
- 在看似寻常的日子里我们会感到相当满足，因为一切都"正常运转"，没有糟糕的事情发生。
- 情绪低落，因为某些事情触及了我们的痛点。

在本章，我想要鼓励你思考一下你对生活的满意度，尝试观察一个更长的时间段，例如过去一年、两年或三年的生活过得怎么样。

　　去审视自己的需求并不那么容易，更难的是意识到不同需求之间可能存在的冲突。很少有人能够准确地说出，为什么他会非常看重独立空间，安全感对他来说意味着什么，受到重视对他来说有多重要。

　　一方面，我们很少有机会思考这些问题；另一方面，正如我们之前所了解的，对基本需求的威胁或侵犯可能发生在很久以前，而在早年时我们还不能清晰地用语言表达感受。此外，我们天生倾向于回避不愉快、痛苦、伤感、不安的情感，努力将这些从我们的记忆中抹去。

　　那么，花费时间来挖掘隐藏的大象是否值得呢？如果我们对自己的生活感到满意，工作压力并不过大，对未来充满信心，能够坦然接受变化，那么我们自己或许没有迫切的理由去关注需求的平衡。然而，从与他人相处和维护良好合作关系的角度来看，深入了解他人的需求有助于更好地理解他们。此外，大多数人时不时会产生不满情绪，因此了解真正的原因会对我们管理自己的情绪有所帮助。

生活质量对你意味着什么?

你是否曾经思考过这个问题: 对我而言, 生活质量究竟意味着什么, 对于我身边的人又意味着什么? 这个问题和其他问题密切相关:

- 我是否关注我的核心需求以及我身边人的需求是否得到满足?
- 我是否充分行使自己的权利, 坚定地捍卫我认为真正重要的事情?
- 我在多大程度上被他人的期望所影响?

回答这些问题对于提升你个人的幸福感起着关键作用。

在职场上, 许多人必须遵循既定的标准, 诸如提高销售额、改善产品质量、完成业绩考核等。每个员工都应该知道自己的工作任务以及要完成的指标, 因为公司的基本需求就是超越竞争对手，提高利润或降低成本，实现增长。

　　因此，将目标与实际结果进行比较在我们的生活中很常见，它贯穿我们的整个生命。但遗憾的是，当涉及自我关注时，我们很少会问什么是应该的，或者不应该的。我们常常将外界规定的目标值融入自己的内心坐标系。这些目标值可能源自：

- 教育的规定和禁令。
- 性别角色分配。
- 学校里的成绩。
- 职业评级。
- 社会地位。
- 我们所处的环境中被视为"正常"或"异常"的事物。

　　在这种背景下进行的比较通常向我们暗示："情况还可以更好！"这种比较往往更像是严厉的指责。没有人觉得有责任就我们的生活满意度、价值体系、自我形象或最重要的需求进行年度谈话。实际上，**如果能有一个朋友愿意倾听你的心声，那真是一件有福气的事情。**

　　这本书无法替代与伴侣、父母或朋友的谈话，但可以为这些谈话提供良好的基础。我将为大家介绍两种方法：问卷调查可以帮助你了解过去和现在哪些基本需求得到了满足，这些需求对你有多么重要；"切蛋糕"图表可以帮助你了解如何分配你可用的时间和精力。

你在生活中真正需要什么？

对于基本需求满足的定位，我们需要一些坐标来确定自身的实际现状。如果我们希望有所改变，就需要明确阐述目标，也就是记录所期望的状态。当现状与愿望之间存在差距时，我们会察觉到需求的存在。在我们看来杯子经常更像是半空而不是半满的。换句话说，相对于已满足的需求，我们更容易注意到未满足的需求。

我们最重要的基本需求，如稳定的人际关系、被重视和受关注、平等待遇和公正、情欲和性欲、安全感、好奇心、独立自主，通常可以分为两类：一类是主要依赖于他人行为得到满足的需求，这些需求赋予我们某种依赖感；另一类可以分为稳定和变化两个极端。这样一来我们有了两条轴线，形成了四个象限，我们可以将这些基本需求分别放置在这些象限中。

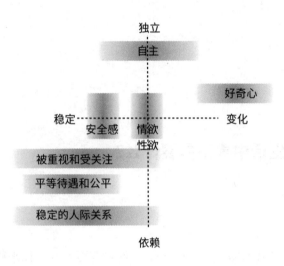

这几个概念之间存在着一种张弛有度的关系。每一个概念都是人类生活的本质特征，但需要通过其对立面来进行补充。这也适用于我们的基本需求：如果我们单方面地努力满足单一需求，它们之间就不会保持平衡。根据生活阶段的不同，这种平衡可能会发生变化。

为了确定在你的生活中，基本需求得到满足的程度如何，我们准备了一些简单的调查问卷。在这些问卷中，你会找到关于各个基本需求的描述。所有的问卷都分为过去和现在两部分。

因此，你首先要问自己：我的童年和青少年时期是怎样的？然后再问问自己：现在的我在多大程度上同意这些结论？

请在每一项旁边填写一个 0 到 10 之间的数字，其中 10 表示完全同意，0 则表示不同意或不重要。从各个答案的平均数（总和除以 10）中，可以大致评估出这个需求在过去或现在满足的程度。你的回答完全取决于你的直觉评估。

稳定的人际关系

父母无条件的爱、成年后来自伴侣的关爱、朋友之间的长久友谊、可靠的同事关系，这些都能满足我们对稳定人际关系的基本需求。这样的关系越是建立在自愿的基础上，就越能带来满足感，用著名的伴侣治疗师卢卡斯·莫勒（Lukas Moeller）的话来说，"爱是自由之子"。

对安全感的渴望也许在我们眼里显得太孩子气，但对于一个小孩来说，这无疑是一种生存条件。缺乏安全感和保护，会令我们的内心失衡。每个人体验安全感的方式非常不同，比如在爱人的怀里入睡，得到家人的陪伴，或者与亲近的朋友交谈等，都可以给我们带来安全感。

所有人都渴望获得某种归属感，而归属感的需求是否得到满足，取决于各种各样的经历，比如，我们是否受到父母的欢迎？他们是否能够关注我们的幸福？

稳定的人际关系

过去	同意度 0—10 分
我觉得我最重要的亲人理解我。	
在家庭中彼此能够互相信任。	
我在我的社交环境中有归属感。	
在我需要支持的时候，我最重要的亲人保护我、支持我。	
在家庭中，我感受到了彼此间的细微关怀。	
我感到我最重要的亲人无条件地爱着我。	
我体验到温柔和温暖。	
我认为我是父母期待得到的孩子。	
我最重要的亲人有足够的时间陪伴我，在我需要他们的时候在我身边。	
如果家庭中发生争吵，我们也会再次和好如初。	
所有评估值的总和	
这一需求的满足程度如何？10 项答案的平均值	

现在	同意度 0—10 分	重要性 0—10 分
我和我最重要的亲人之间的关系是稳定和可靠的。		
我在亲密关系或家庭中感到安全。		
其他人喜欢我也接受我。		
我觉得最亲近的人理解我。		
我觉得我在我的社交环境中有归属感。		
在我的朋友或家人中，我觉得自己很受欢迎。		
我周围有可以倾诉和让我打开心扉的人。		
我有一个无条件爱我并支持我的伴侣。		
有人总是为我腾出时间，并在我需要时提供帮助。		
我重视的人也需要我。		
所有评估值的总和		
左栏：这一需求的满足程度如何？右栏：满足这一需求对你有多重要？10 项答案的平均值		

当我们与他人的期望不同时，我们就特别需要别人的理解。我们希望他人不要忽略我们的感受，不要把它不当一回事。不要独断地决定什么是真实的、正确的或错误的，获得理解的经验是培养理解他人能力的基础。

被重视和受关注

关注和重视是捆绑在一起的，它们是自我尊重和自我价值感发展的基础。如果一个孩子在童年时期得不到关注和重视，长大后这会成为他心中的一个痛点，会时不时地出来作祟。

我们倾向于在亲近的人当中寻找这种需求的满足，除此之外，在工作中，我们期望来自老板、同事们的赞扬和认可；在生活中，我们期望受到朋友的更多关注。

当然，所有人都希望自己受到重视，只是有些人表现得比较直接，有些人则很含蓄。

被重视和受关注

过去	同意度 0—10 分
我最重要的亲人关注并培养了我的兴趣和能力。	
在我的童年时期，我得到了足够的关注。	
我最重要的亲人给予了我足够的赞扬和认可。	
我最重要的亲人让我觉得我对他们很重要。	
我最重要的亲人认真对待我的感受和需求，不会试图说服我改变它们。	
我为自己感到骄傲。	
作为一个孩子，我通常感到很自在。	
我认为很多人喜欢我。	
别人很乐意邀请我参加活动、庆祝、派对等。	
别人喜欢我的外表。	
所有评估值的总和	
这一需求的满足程度如何？10 项答案的平均值	

现在	同意度 0—10 分	重要性 0—10 分
其他人很在意我。		
我会受到关注和尊重。		
我的职业能力被肯定。		
我的感受和需求得到了认真对待。		
尽管我有缺点和错误，但我在意的人仍然喜欢我。		
我感觉自己很自在。		
在工作中，经常有人征询我的意见。		
我喜欢我的外表。		
有些事让我感到自豪。		
我可以从容地让别人先行，偶尔保持低调。		
所有评估值的总和		
左栏：这一需求的满足程度如何？右栏：满足这一需求对你有多重要？10 项答案的平均值		

平等待遇和公平

公平是一个高尚的伦理标准。"所有人享有同等权利，人人都是平等的"是一个古老的人类梦想。然而，在现实生活中，公平很少得以实现。冷餐会上的争夺战、男女之间的不平等薪酬、不公平的税收等，甚至包括对全球资源的争夺，这都是不公平的体现。

公平和平等作为一种伦理基本价值观，通常是通过教育传递给我们的，与之前提到的其他基本需求不同，公平和平等不是先天性的，其基础在于人类有共情能力。这种不平等源自权力、财产、性别、国籍、教育、才能和年龄等因素，**关注公平和平等需求的通常是那些遭受不公对待的人，他们期望他人或社会来满足自己的这些需求。**

遭遇不公会给我们的内心造成伤痛，进而会影响我们的自尊心。

我们试图通过各种不同的方式来应对这种困境，反而加剧了问题的严重性。**我们为琐事争吵，变得固执己见或疑心嫉妒，这时候大象已经在打招呼了！**

平等待遇和公平

过去	同意度 0—10 分
我的需求通常和他人的需求一样受到重视。	
没有人由于某种莫名其妙的原因抢在我前面被选中。	
我不必忍受不公正的惩罚。	
在我的家庭里没有人被压迫。	
在我的家庭中，公平和平等是重要的价值观。	
我始终觉得自己很安全，没受到不公待遇。	
在我的家中有人做出了公正的榜样。	
我乐于与他人分享。	
我最重要的亲人在我受到不公平待遇时会支持我。	
我能轻松地放弃某些东西或能礼让他人。	
所有评估值的总和	
这一需求的满足程度如何？ 10 项答案的平均值	

现在	同意度 0—10 分	重要性 0—10 分
我的需求和他人的同样重要		
在私人关系中，我觉得自己会受到公平对待。		
我很少感到嫉妒。		
在我和我的同伴之间，给予和获取是平衡的。		
如果我觉得合适，我可以让别人优先。		
我不觉得受到了不公平待遇。		
我很愿意与他人分享。		
我对不公平的待遇很敏感，即使这跟我无关。		
我在私人生活和社会中致力于维护公平正义。		
总体而言，我觉得在职场上受到了公平对待。		
所有评估值的总和		
左栏: 这一需求的满足程度如何? 右栏: 满足这一需求对你有多重要? 10 项答案的平均值		

情欲和性欲

从生物学角度来看，性是为了繁衍后代而存在的。如果仅仅如此，我们的满足感应该主要来自成功的受孕。然而幸福感并不仅限于此，我们在理想情况下可以享受性爱的各种可能性。当然，这需要从儿童时代开始，我们就可以毫无禁忌地探索我们的性敏感区，我们的父母不会因为我们的探索冲动而感到惊慌或给予惩罚，并会在适当的时候回答我们的问题，他们尊重我们对亲密关系的需求。在我们被亲密关系困扰时，他们会支持我们，而不是强行干预，或者对我们进行道义上的批评。

不幸的是，尽管经历了 20 世纪中叶的性解放运动，我们仍然距离这个理想状态十分遥远。父母们告知孩子要为自己的情欲感到羞耻，要压抑自己的性欲。他们谈性色变，觉得这是一种禁忌与羞耻。

满足个体对情欲和性欲的需求，或者仅仅是认识到这些需求，并不是一件容易的事。

情欲和性欲

过去	同意度 0—10 分
我最重要的亲人对我进行过坦诚的和适龄的性教育。	
我最重要的亲人告诉我，性欲和情欲对于幸福生活很重要。	
我最重要的亲人允许我无忧无虑地探索和解答我儿时的性好奇。	
作为青少年，我感到自己的身体魅力得到了他人的认可。	
其他人尊重我的隐私。	
我总可以向某些人倾诉这方面的问题。	
认为性是肮脏或罪恶的态度并没有影响到我。	
电影或网络视频并没有成为自己性行为的标准。	
没有人试图强迫性侵我。	
我有可以谈论情爱之事的朋友。	
所有评估值的总和	
这一需求的满足程度如何？10 项答案的平均值	

现在	同意度 0—10 分	重要性 0—10 分
在我的生活中，情趣和性爱有着重要的地位。		
我对与我不同性取向的人并无偏见。		
我可以建立私密的关系。		
我享受我的性生活。		
我不会让别人对我滥用他们的性欲。		
对我来说，性不是一种竞技运动。		
我喜欢性幻想。		
当我没有性欲时，我可以承认并清楚地表达这一点。		
我尊重他人的性界限。		
我可以表达我的情欲和性欲望。		
所有评估值的总和		
左栏：这一需求的满足程度如何？ 右栏：满足这一需求对你有多重要？ 10 项答案的平均值		

安全感

安全感是一种极其主观且常常变化的感觉。绝对的安全是不存在的，那些试图回避所有危险的人，更容易强化自己的不安全感，因为他们没有建立起克服困难的信心。被过度保护的儿童只有父母在附近才会感到安全，没有人鼓励他们迈出脚步走向独立，其后果可能是长大后对自己的生活没有安全感。而内心的安全感偏偏来自一次又一次地自愿放弃安全感，这听起来很矛盾。就好比那些从未离开过生活安全区的人，无法在新的挑战中成长，他们对未知的变化心怀恐惧。

为了追求安全感，有人会拼命赚钱确保经济上的富足，有人则过于保守不愿意接受新的职业挑战，有人甚至把家里的所有窗户都装上铁栅栏……这个列表可以一直延续下去。追求安全感的人会按照一个原则行动：一切都应保持现状。任何变化都被视为威胁。

如果没有冒险的勇气，我们可能仍然在用第一辆带支撑轮的自行车呢。自信心孕育了内在的安全感，使我们能够应对生活的各种变化。这意味着，**一方面，我们需要一定程度的安全感来应对恐惧；另一方面，安全感来自战胜恐惧的经验。**

安全感

过去	同意度 0—10 分
我的家对我来说是一个安全的地方。	
我感到害怕时，我最重要的亲人会站在我这一边。	
我在家庭之外的生活空间也感到安全。	
我的家庭有着稳定的经济来源。	
在家庭的支持下，我觉得我能够应对不同生活阶段的挑战。	
我受到我最重要的亲人的保护，且不是过分保护。	
我的家庭成员没有受到重病的威胁。	
我没有受到过身体上的攻击，或者随着年龄增长，我能够自己保护自己。	
我从来没有对入室抢劫或其他所谓的危险有过多的恐惧。	
我对自己能够承担哪些风险有着准确的判断。	
所有评估值的总和	
这一需求的满足程度如何？10 项答案的平均值	

现在	同意度 0—10 分	重要性 0—10 分
我相信未来。		
我所拥有的，不会被任何人轻易夺走。		
我能够应对生活的挑战。		
我有能力适应必要的变化及伴随而来的不确定性。		
我在私人生活和职业生涯中可以信赖我最重要的亲人，他们也信任我。		
我学会了正确评估危险。		
凡是有风险的地方，我都做好了相应的防范准备。		
我做好了恰如其分的经济保障准备。		
我会定期做体检。		
我相信自己不会犯严重错误。		
所有评估值的总和		
左栏：这一需求的满足程度如何？ 右栏：满足这一需求对你有多重要？ 10 项答案的平均值		

不难看出，内心的安全感建立在过去和现在都满足了其他基本需求的基础上，无论我们小时候是否能够感受到保护和安全，我们的人际关系是否稳定和充满爱意，我们是否能够面对与年龄相适应的挑战，是否能够保持好奇心，以及我们的独立性程度如何。因此，内心的安全感与其他基本需求的问题必然会有重叠之处。

你在生活中感到很安全吗？你的安全需求在多大程度上占主导地位？

好奇心

好奇心意味着探索世界。对于小孩子来说，好奇意味着尝试做这样或那样的事情会发生什么。例如，试试多少块积木叠在一起不会倒下来，拉狗的尾巴看看会有什么反应，在儿童游乐场上滑滑梯看看会是什么感觉……

所有新事物都有吸引力，只要父母允许孩子在安全范围内探索自己的能力并保护好孩子，这种吸引力就不会泯灭。随着年龄的增长，我们对周围很多事物都感到好奇，想要一探究竟。

让我们怀着好奇心去探索一切陌生事物，学会尊重他人，理解和包容多元化的存在。

好奇心

过去	同意度 0—10 分
我最重要的亲人支持我的好奇心和求知欲。	
我喜欢探索新事物。	
我最重要的亲人鼓励我培养自发能力。	
我最重要的亲人自己也对新事物持开放态度。	
我有足够的时间和空间来获得新的经验。	
我经常寻求新的挑战和冒险。	
当我最重要的亲人不知道我在哪里的时候，他们并没有过度担忧。	
当我想尝试新事物时，我也可以冒犯或激怒他人。	
即使我有时违背了最重要的亲人的建议，他们依然可以接受我。	
我喜欢意外的惊喜，对很多事情都感到好奇。	
所有评估值的总和	
这一需求的满足程度如何？10 项答案的平均值	

现在	同意度 0—10 分	重要性 0—10 分
我喜欢尝试新事物。		
我喜欢接受新任务。		
我喜欢随性且充满童趣的生活。		
我头脑灵活，求知欲强，宽容开放。		
我喜欢结识新朋友，了解新文化。		
我喜欢新的挑战，让自己感到有活力。		
我敢于冒险。		
我对他人的观点充满好奇。		
我喜欢惊喜。		
我不断寻找新的目标，以便更好地发展自我。		
所有评估值的总和		
左栏：这一需求的满足程度如何？ 右栏：满足这一需求对你有多重要？ 10 项答案的平均值		

独立自主

根据马斯洛的阶梯需求模型，如果底层的需求有了稳固的基础，我们就可以更好地应对生活中的转变。**独立自主并不意味着一个人在生活中必须独自应对一切，而是能够在与他人的需求达成一致的情况下，保有自己的自由，以自己的方式生活，并且通过自由意志来决定自己的生活。**

精神分析学家阿尔诺·格鲁恩在《背叛自我——男性和女性在面对独立自主时的恐惧》中说道："独立自主并不是要求自己必须独立，而是让自己有体验各种生活的自由。"他指出，有些人希望摆脱他们的人性，因为他们认为人性是一种"障碍"。对有些人来说，共情、体谅这样的人性能力，会影响自己的职业生涯。年轻人中比较流行的"高冷"就是对独立自主的一种误导。**不轻易表露情感，从不示弱，这些被视为是强大的体现。但其实不是这样的，我们不是一定要时时刻刻保持强大、自信，有些时候适当地示弱是为了更好地处理人际关系，拉近人与人之间的距离，要敢于示弱。**

在通往独立自主的道路上，我们需要足够的个人空间。而父母总是认为自己知道的比孩子更多，坚持采用自己的生活经验，帮孩子做出所有决策，为孩子清除所有困难。"你还不能做这个，让我来做吧"，或者"你迟早会看到这会有什么后果"，这些给孩子的信息往往源于不耐烦或恐惧，它们削弱了孩子对自己能力的信任。要允许孩子犯错，这样他们就能从中学习并总结经验，这些是培养自信和独立自主的基础。

独立自主

过去	同意度 0—10 分
我最重要的亲人鼓励我表达自己的意愿。	
我最重要的亲人给了我适合我年龄的自由空间。	
只要是我觉得重要的事，我就会去做。	
我的父母和老师赞扬并鼓励我独立自主的行为。	
我可以接受我自己的样子。	
我对自己很自信。	
我允许自己犯错误。	
我有勇气捍卫自己的观点。	
示弱对我来说并不是什么大问题。	
我不会主动迎合他人的期望。	
所有评估值的总和	
这一需求的满足程度如何？10 项答案的平均值	

现在	同意度 0—10 分	重要性 0—10 分
我想做什么就会去做。		
我对我的生活负责。		
我觉得自己可以独自做出生活中的重要决定。		
我关注自己的需求。		
我能够接受合理的批评。		
我能够与他人划清界限。		
我可以通过自己的努力去改变现状。		
我意识到并接受自己的界限。		
我尊重他人的界限和需求。		
我按照自己的价值观生活。		
所有评估值的总和		
左栏：这一需求的满足程度如何？ 右栏：满足这一需求对你有多重要？ 10 项答案的平均值		

你的需求清单：你对自己的生活满意吗？

现在请你总结以上调查问卷，看看你的基本需求在过去和现在多大程度上得到了满足，以及这些需求目前对你有多重要。

请将计算出的平均值分别填写到以下表格中，作为你的需求清单。

你的需求清单

	过去	现在	
	满足度 0—10 分	满足度 0—10 分	重要性 0—10 分
稳定的人际关系			
被重视和受关注			
平等待遇和公平			
情欲和性欲			
安全感			
好奇心			
独立自主			

你的需求清单上的分值一目了然地回答了以下问题：

1. 过去和现在发生了什么变化？

当你将过去和现在的平均值进行比较时，你可能会注意到一些变化。例如，现在对独立自主的需求可能比童年时期更为重要。如果现在这个需求得到满足，你可以更轻松地应对挫折，不至于活在别人的期待里。有意思的是，以前得不到满足的需求，现在是否依然得不到满足？因此，你对与这个需求相关的事件会非常敏感。例如，受重视或被理解的需求未得到满足在内心留下了痛点，那么稍微不满就可能会打破你的平衡，导致情绪爆发。

2. 重要的需求在多大程度上得到了或未得到满足？这些需求对现在的你有多重要？

将你的得分做一个粗略的划分，以辅助我们的探讨。有些需求可能在平均水平以下，而其他一些需求可能在平均水平之上（低于 5 分或高于 5 分）。同样的情况也适用于需求的重要性。由此产生了四个象限（见下页图表）。

请你特别关注那些满足度较低但需求非常重要的象限！

如前所述，基本需求彼此之间也会产生冲突。这些冲突通常是下意识产生的。例如，独自一人去度假可能会增强你对自己能力的信心，但考虑到这会影响你和伴侣的关系，你可能不敢表达自己的观点，以免危及你对归属感的需求。需求冲突的问题并不容易解决。第一步是要识别和揭示这些冲突，即使是一些琐碎的事情也可能引发冲突，就像案例故事所展示的那样。我们常常没有时间去思考，当前对我们来说最重要的是什么，以及在必要的情况下我们愿意放弃什么。

象限 1 满足度：低（0—2分） 重要性：高（8—10分） 你今天感觉重要的需求得不到满足或很少得到满足。如何在你的生活中给分布在这个象限中的需求更多的空间？	象限 2 满足度：高（8—10分） 重要性：高（8—10分） 你感觉重要的需求在很大程度上或完全得到了满足。如果所有的需求都分布在这个象限内，那么就要恭喜你了！
象限 3 满足度：低（0—2分） 重要性：低（0—2分） 在你看来，这些需求既没有得到满足，也不重要。这对你来说是完全可以接受的。 也许你已经接受了这些需求不可能得到满足的现实，就像寓言中的狐狸认为吃不到的葡萄太酸一样。 也有可能你已经忽略了这些需求。那么请考虑，是否需要通过满足这些需求来提高生活满意度。	象限 4 满足度：高（8—10分） 重要性：低（0—2分） 这些需求虽然得到了满足，但是这种满足感似乎并不重要。你认为现状可以保持不变。你拥有的东西可能在你看来是理所当然的，类似于呼吸的空气。但是，如果这些需求没有得到满足，情况会怎样呢？在这种情况下，对需求的重要性评估可能会发生变化。

通过你的需求清单，你可以回想一下有哪些需求是你优先考虑的，有哪些需求被排在了次要地位。

你如何分配你的时间和精力？期望与现实

"可惜我没有时间！"这是我们希望做某事却无法做时最常听到的抱怨，也是别人拒绝我们时常听到的解释。但究竟是谁来决定我们的时间呢？

我们对自己的时间和精力分配，非常适合用来了解我们的活动实际上是基于哪些需求来定的。

可以想象一下切蛋糕的场景，这个蛋糕代表你一周内拥有的全部时间和精力，即100%。你如何支配这一个星期呢？请你大致估算一下，总结出最重要的领域，例如工作、家庭、朋友、社交媒体、互联网、电视、兴趣爱好、闲暇、锻炼身体。

你可以简单地列一下自己的时间和精力图表，比如平时一周都做了哪些事情，它们分别占据了你多少时间和精力。让我们来看一下塞巴斯蒂安的时间和精力分配表。

　　塞巴斯蒂安看着这个图表皱起了眉头，因为他花费了相当多的时间和精力处理为他人服务的工作（至少有 15%）。我们很容易看到当他被需要时，他感到自己是受欢迎的，有种归属感，所以他做了很多事情以得到被需要的感觉。

塞巴斯蒂安的时间和精力分配图

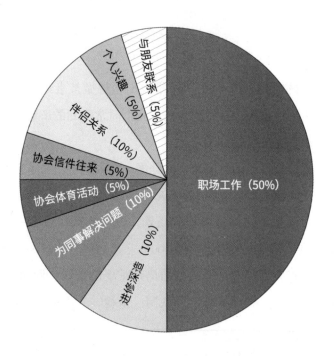

与朋友联系（5%）

个人兴趣（5%）

伴侣关系（10%）

协会信件往来（5%）

协会体育活动（5%）

为同事解决问题（10%）

进修深造（10%）

职场工作（50%）

　　目前，你是如何分配你的时间和精力的呢？当前的时间和精力分配是否让你感到生活幸福？你需要做出哪些调整和

改变呢? 我们以塞巴斯蒂安为例来探究一下时间和精力分配
与基本需求之间的关系。

塞巴斯蒂安的时间和精力分配（现状）与基本需求的关系

活动时间和 精力分配百分比	由此而满足的基本需求
职场工作（50%）	独立自主，安全感，受重视。
为同事解决问题（10%）	受重视，有归属感，稳定的关系。
进修深造（10%）	受重视，独立自主。
伴侣关系（10%）	被关爱、受重视，情欲和性欲得到满足。
个人兴趣（5%）	好奇心，独立自主。
与朋友联系（5%）	稳定的关系，受重视。
协会体育活动（5%）	自信心，独立自主。
协会信件往来（5%）	稳定的关系，归属感。

对他来说，这份需求清单意味着什么? 要努力! 他对获
得重视和稳定人际关系的努力是单方面的，久而久之这会威
胁到他的心理平衡，并将其他需求搁置到一边。正如我们所
见，痛点会启动一种自我保护程序，他需要不断地努力来避
免自己的沮丧情绪。显而易见，他遇到了大象，如果他能够
认真对待，那么这头大象就是一个很好的契机，让他重新考
虑自己的精力分配，重新审视自己的生活方式。

现在，请回到我们自己身上。亲爱的读者，请在以下两个表格中将你的时间和精力分配以及其中所包含的需求进行对比（现状和期望）。

在这些基本需求中，哪些占首要地位？哪一个在表格中很少出现甚至没有出现？

每个人的需求清单背后都有着自己的故事，请再次回顾你的过去！在你的童年和青少年时期，哪些需求可能没有得到满足？你是已经接受了这些情况，还是依然能够感受到这些需求？

现状：你的时间和精力分配与基本需求的关系

活动时间和 精力分配百分比	由此而满足的基本需求

理想状态：你的时间和精力分配与基本需求的关系

活动时间和 精力分配百分比	由此而满足的基本需求

了解你的基本需求及其满足程度，会让你发现你真正需要的是什么。这对你内心的平衡至关重要。

现在，你已经为发现你自己的大象做好了充分准备。接下来我们将帮助你理解：

- 那些看似不值一提的小事可能触发哪些痛点。
- 在关键情况下，你对自己和他人的看法可能发生了什么变化。
- 在应付即将发生或已经发生的需求受损时，你会采用哪些无意识的自我保护程序。

让人不安的不是事物本身，

而是我们对事物的想象。

——爱比克泰德

找出你的大象

你已经了解了自己的基本需求，并知道哪些需求没有得到满足。现在的重点是找出你内心的大象。

识别出隐藏的大象需要花费一些精力。我们通常不知道在情绪波动的情况下最需要什么，也就是说，自己哪个重要的需求受到了损害或威胁。

你可以通过不同途径找到你的大象：

途径 1：蚊子
对导致情绪的原因进行提问

途径 2：激动情绪
对难以解释的情绪进行提问

途径 3：痛点
自己的某种需求受到了损害

途径 4：自我保护程序
情绪爆发时采取的行动

途径 5：自我形象与他人形象
情绪爆发时对自己和他人的评价

途径 6：生活经历
回忆自己早年留下的心理创伤

你的大象：如何找出通往大象的途径？

途径 1：蚊子

以下表格列出了一系列你可能熟悉的情境。请你在日常生活中观察自己和周围的人，并记下相关的情况，评估你的情绪反应强烈程度和持续的时间。

你的评估分为 0—2 分的范围：

0：你没有特别的情绪。

1：你感到轻微的、暂时的不适。

2：你认为你的情绪反应强烈并持久。

与陌生人的经历

情境	强度		
	0	1	2
你想要停车，但别人抢走了你的停车位。			
你受到电话广告骚扰。			
在一次演讲中，有人没关手机。			
商店里的销售员为你提供了错误的信息。			
一项维修工作未能使你满意。			
有人在你面前关上了门。			
在预约的会面中，你必须等待很长时间。			
你在拥挤中被人推搡。			
你知道还有哪些小事会引爆自己的情绪吗？			

与家人、朋友或熟人的经历

情境	强度		
	0	1	2
你正在谈话，电话响了，你的谈话伙伴在你面前接了一个较长时间的电话。			
你的伴侣提出批评（例如，在开车时说"你开得太快了"或"你停不好车"；在做饭时说"用错锅啦"或"别放那么多盐"）。			
某人约会迟到了 10 分钟。			
你向伴侣提了一个问题，但对方没有回应。			
一个朋友忘记祝你生日快乐。			
有人对你不知道他认为是常识的某事表示惊讶。			
一个好友没有联络你，你尝试与他联系，他也没有回应。			
你没有受邀参加一场大型庆祝会，尽管你期待受邀。			
你知道还有哪些小事会引爆自己的情绪吗？			

职场上的经历

情境	强度		
	0	1	2
一位同事未向你打招呼。			
你的上司指出了你的疏忽和错误。			
一位同事向你提出了一个批评性的问题。			
你在会议上发言时，两位同事在低声交谈。			
由于不明原因，你未被邀请参加一个会议。			
有人向你解释你已经知道的事情。			
有人经常使用你不认识的外来词。			
同事们正在交谈，当你走近时，他们停止了谈话。			
你知道还有哪些小事会引爆自己的情绪吗？			

你常常会在哪些情况下感到不满？你的情绪反应有多强烈？如果你选择了"2"，但实际上，这个问题其实并不难解决，那么可能背后隐藏着另一个问题。这可能是发现潜藏的大象的第一个线索。

请记录下让你一次又一次生气的事情有什么共同之处，分析一下以下哪些感觉会反复出现：

- 被人批评。
- 感觉被忽视。

– 有人不遵守承诺。

– 被他人说教。

– 觉得自己被坑了。

途径 2：激动情绪

我们通常用一些模糊的词汇来表达自己的激动情绪，比如我不喜欢、我受不了、我很痛苦等等。有些人甚至懒得说话，直接翻翻白眼，摇摇头，大声叹息或呻吟，或者砰地关上门。**很多人不懂得如何正确表达自己的情绪，当然不会去探究这些情绪背后的原因。**以下列表有助于我们找到情绪背后隐藏的原因。

> 伤心—绝望—失望—内疚—空虚
>
> 害怕—担心—恐惧—羞愧—紧张
>
> 生气—愤怒—烦躁—不满—倔强
>
> 怀疑—嫉妒—无助—不如人—受制于人
>
> 充满厌恶—鄙视—嫉妒—恶心—拒绝

在激动的时候产生了什么样的感觉，这个时候你头脑中会产生哪些想法？把这些都记下来。

	清晰或强烈的感受（强度 2）	油然而生的想法
情况一		
情况二		
情况三		
情况四		

途径 3 和途径 4：痛点和自我保护程序

也许你已经意识到，你一再情绪激动与哪个痛点有关联。线索如下：

- 随着激动产生的强烈感受。
- 不同情绪之间的相似性（"总是发生在我身上，我……"）。
- 反复出现的感受（"我经常感到……"）。
- 与你产生的想法的相似之处（"我总是在思考这个主题……"）。
- 与过去需求缺失的类似状况（"我又受到了不公的对

待"或"我又不受欢迎"等)。

- 你可能已经注意到,你经常对他人的批评性言论反应非常敏感。

- 你可能已经注意到,自己在尊重基本需求的问题上没有得到满足。

- 如果你受到批评,你的脑海中常常会闪现这样的想法:"我又做错了什么?"

- 你总是感到自卑,并将就事论事的批评理解为针对你个人的。

可以思考一下,如果发生了类似的情况,你会怎么想、怎么感受以及怎么行动,以及你需要做些什么来避免陷入负面情绪。

现在请探索一下你的自我保护程序。为避免或摆脱不愉快的感受而采取的行动,虽然在短期内有点作用,但从长远来看,对你很不利。

我们的自我保护程序可以分为两种类型:一种是在触碰痛点时做出逃避的反应,另一种是做出攻击的反应。为了避免冲突,往往要牺牲自己的利益,结果就是我们的需求没有得到表达,而且还会经常自责,用一句改编了的名言来说,就是"己所不欲,却施于己"。如果我们采取攻击性的方式,那就是"己所不欲,就施于人"。

在这两种情况下，我们都对事件保持着某种控制，我们做了些什么以保持主动性，但同时也自动成了肇事者和受害者。在这个过程中，自我攻击和对他人的攻击也可能混杂在一起，"如果你不善待我，就不要怪我总是情绪低落/酗酒/失去自信……"

值得注意的是，并不是每种反应方式都是为了保护自己的基本需求，很多时候我们把情绪发泄在别人身上，或是为了自己的利益做出伤害他人的行为，这些都超出了自我保护的范畴，还可能导致违法犯罪。

你对自己有多了解？

以下故事大家都比较熟悉了，我们来看看怎么做既能保护自己的基本需求，又不影响人际关系。

每个问题都列出了三种可能的应对方式：

邻里矛盾（丽莎遇到的问题）

由于生活习惯等各种差异，邻里之间的问题几乎人人都会遇到。如果缺乏宽容和理解，就会进一步激化矛盾。

"如果有个恶邻，即便是最虔诚的人也无法过上宁静的生活。"这句话出自弗里德里希·席勒的《威廉·退尔》。

丽莎被邻居找上门时，油然而生的想法是"但愿她相信这不是我干的"，接着是出于本能的道歉。

针对这个问题，有以下三种应对方式，首先是油然而生

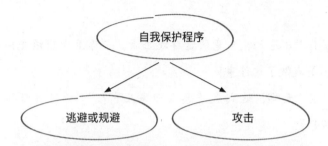

- 将错误揽到自己身上
- 想让每个人都满意
- 随时为他人着想
- 把自己的愿望放在一边
- 善待所有人
- 不招人讨厌
- 缓和气氛
- 让步
- 转身去玩电脑
- 上网
- 恐惧地退缩
- 换个话题或分散注意力
- 假装什么事情都没有发生，或者不予理会
- 沉入受害者的角色中
- 抱怨自己疲劳或头痛
- 自我贬低
- 嘟囔自己的不满
- 只接受一种理性的观点
- 装出一切靠自己的样子
- 酗酒、服用镇静剂或其他药物

- 怪罪他人
- 坚持自己的权利
- 只关心自己
- 不惜一切代价实现自己的愿望
- 贬低他人
- 提高嗓门
- 火上浇油
- 以冷漠的态度对待他人
- 坚持自己的观点
- 要求立即解决
- 惩罚或动手打人
- 让他人感到荒谬
- 大声抱怨
- 坚持自己的感觉是对的
- 强烈索求他人的帮助

的想法，然后是采取的行动。

1. "真是无礼，竟然这样攻击我。""你至少应该先问问是不是我做了这件事！"

2. "天哪，这到底是怎么回事儿啊？""你可真吓了我一跳！"

3. "这真犯不上如此大动肝火。""不过钻头的声音确实很刺耳，让我想起了我的牙医。"

停车场中发生的争端（斯特凡遇到的情况）

本来空间就狭窄，下一个人已经在等停车位，这时候可能会发生凭感觉倒车的情况。有些人可能会想：保险杠不就是起这个作用的吗？然而人对车的热爱程度却是千差万别的。斯特凡立刻蹦出来的想法是："我不会让别人这样对待我！"他强烈表达不满后好长时间都心情不好。

针对这个问题，有以下三种应对方式，首先是油然而生的想法，然后是采取的行动。

1. "有些人就是那么肆无忌惮。"沉默而愤怒地摇摇头。

2. "先看看发生了什么。""我的车被轻轻碰了一下，不会有问题的。"

3. "也许这个人根本没有注意到。"记下对方的车牌号以防万一。

为整洁而发生的亲密关系冲突（安娜面对的问题）

无论是袜子、报纸、早餐餐具还是垃圾桶，在亲密关系中，经常会因为一个人没有完成任务或者分工不明确而引发争执，这是一个经典的例子。这常常是因为对秩序整洁的理解不同，一方很快被认为太邋遢，而另一方则被认为是有强迫症。然而，这往往涉及公平、尊重、对自身工作的重视、对自身角色的不满等问题。这种情况你是不是觉得有些熟悉？

安娜立刻产生的想法是："我总是得替他收拾！"接踵而至的反应是：咽下愤怒，开始抱怨。

针对这个问题，有以下三种应对方式，首先是油然而生的想法，然后是采取的行动。

1. "真是个邋遢鬼！"下次把他的袜子塞进他的公文包里。

2. "对他来说，整洁可能不那么重要。"在合适的时机与他或朋友讨论这个话题。

3. "他可能又在赶时间。"轻轻地摇摇头，然后马上忘记。

回家时的期待（彼得的头疼事）

谁没遇到过这种情况：晚上疲惫地回到家，脑子里还满是工作上的问题，只想安静地待着，绝对不想再有任何人来打扰自己。这时小小的误解或微小的烦恼，例如伴侣的批评性评论，就足以让人失去所剩无几的耐心。

彼得心里的想法是："她现在又开始抱怨了！"他的反应是：强调自己疲惫不堪，不想面对。

针对这个问题，有以下三种应对方式，首先是油然而生的想法，然后是采取的行动。

1. "我总是丢三落四的，真是健忘。"表示对此事很抱歉。

2. "她不可能知道我今早有多急！"解释为什么会发生这种情况。

3. "她总是在我回家的时候心情不好！"建议两个人坐下来谈一谈这个问题。

与朋友的冲突（塞巴斯蒂安的苦恼）

我们似乎从他人的话语中读出了一些弦外之音，其实对方可能并不是这样的意思。当我们扪心自问，一起度假的伙伴为什么做出如此简短的回答时，一丝不悦的感觉就在我们的心头产生了，我们试图为此解释一番。而我们所揣测的解释可能会让我们感到非常困惑。塞巴斯蒂安自然而然地想："他们不需要我。"随后他的反应是：沉默和逃避。

针对这个问题，有以下三种应对方式，首先是油然而生的想法，然后是采取的行动。

1."总是这样，他们就只想到自己。"认为对方是小气鬼，不知道分享。

2."他的回答为什么这么简短？"直接询问。

3."我们本可以协调得更好。"开玩笑地说："那我们的牛排就自己独吞啦。"

接下来，请回答以下几个问题：

- 在相应的情况下，你有什么感觉？
- 你会想些什么？
- 你会做出怎样的反应？
- 你会被哪些根深蒂固的观念引导？
- 你重要的个人需求会受到威胁吗？

无论如何，你应该追问一下自己为什么会有情绪波动。让我们想想那些所谓难以相处的人，与他们相处之所以如此艰难，是因为他们试图用一种方式来保护自己，而这种方式却让他人产生困扰。然而，这些想法他们并没有公开与别人沟通过。采取这种自我保护方式的人，就算短期内感觉良好，长此以往终究会对自己产生不利的影响。

马尔堡的心理治疗师雷纳·萨克斯（Rainer Sachse）谈到了"功能失调的互动方式"，这种互动方式会强烈限制互动伙伴在表达自己需求方面的自由。一本女性杂志讨论过这个问题，这篇文章被冠以颇有争议的标题：《情感黑帮的卑劣手法》。讨论的焦点是如何与"情感绑架者"划清界限，当你的行为不符合他的期望时，他会让你感到内疚。这种贬低他人的做法当然收效甚微；想要和他人好好相处，必须要把双方最重要的需求都讨论到。所谓的"情感绑架"，即试图强迫他人满足自己需求的做法，实际上对自己也没什么帮助。

你对自己的痛点和自我保护方式有什么感悟？请你简要地做一个总结。

途径 5：自我形象与他人形象

每个人有意无意地设想自己的形象（自我形象），并相应地设想他人的形象（他人形象）。这个设想可能让对方满意或者不满意，他可能会想："我很好""我其实不该这样的"，或者"我希望我是另外一个样子"。实际状态和理想状态可能会有不同程度的差距，并且会随着情绪状态的变化而改变。正如我们所看到的，**情绪状态不仅以戏剧性的方式影响我们对自我和他人的看法，而且会让我们感觉自己像一个孩子，激活过去的痛点或大象。**

因此，自我形象与他人形象是极其主观的。这一点在本书主人公所经历的七头大象案例上显而易见。但是，明明知道这对他们没有好处，为什么他们会对自己有如此消极的看法呢？

自我形象与他人形象的形成与我们的经历有关，无论这些经历是积极的还是消极的。这些经历越早影响我们，我们就越难以批判性的眼光分析它们，它们对我们的影响也就越深刻。**一个很少被好好倾听的孩子会潜意识地形成这样的信念：自己不重要，而另一个总是成为焦点的孩子则会相信自己很特别。那些希望得到一个儿子却生了一个女儿的父母，可能在孩子面前难掩自己的失望，给孩子一种不受欢迎的感觉。**

那些重要的基本需求都得到满足的人，能够形成积极的自我形象和他人形象，从而能够很好地应对生活的挑战和压力。而那些基本需求一再未得到满足的人，往往受制于早期的负面经历影响。因此，我们如何看待自己和他人是基本需求是否满足的镜像，这就是它对我们如此重要的原因。更有甚者，如果反复经历某种基本需求的缺失，可能会无意识地调整自己的生活，使自己不断重复相同的消极但又熟悉的经历。例如，他可能会选择一个伴侣，这个伴侣类似于过去的某一个亲人（无法满足他的重要需求的人）。在这种情况下，他会进入重复失望的恶性循环。

在接下来的讨论中，你可以把问题聚焦在这两点上：

1. 在情绪爆发时，你的痛点被触及，你会怎样看自己和他人？

2. 当你感觉可以掌控自己的人生和生活时，你是怎么看待自己和他人的？

你已经仔细思考了问题一，因此，在"蚊子—大象—情境"中做出自我评估应该不会太困难。现在你会看到一些极性分布表，在极性分布表中，相互对立的特性放置在两端（或极点）。请在表格上做出标记，以表示你在不同的情境中认为自己具备某种特性的程度。你也可以对你的同伴进行同样的评估。如果你认为其他特性对于你的自我和他人形象也很重要，你可以在每个表格的末尾进行补充。

极性分布

	1	2	3	4	5	6	7	
冒险型								胆小型

1. 非常喜欢冒险

2. 相当喜欢冒险

3. 还算喜欢冒险

4. 既不特别胆怯，也不特别喜欢冒险

5. 较为胆怯

6. 相当胆怯

7. 非常胆怯

在突发情境中你对自己的看法

	1	2	3	4	5	6	7	
受欢迎								不受欢迎
自信								不安
有能力								能力不足
成熟								孩子气
被理解								不被理解
有价值								无价值
被爱								不被爱

(续表)

	1	2	3	4	5	6	7	
被需要								多余
自主								受他人支配
受重视								被轻视
自作主张								愿意服从
独立								依赖
受保护								不受保护
灵活								保守
乐观								悲观
坚强								脆弱
被平等对待								受歧视
受期待								不受期待
善于处理冲突								回避冲突
开放								封闭
你的补充								

在突发情境中你对他人的看法

	1	2	3	4	5	6	7	
体谅								无情
公平								不公平
乐于助人								自私
友善								不友善
重视								轻视
有同理心								无同理心
坚守如一								善变
充满爱心								无爱心
大度								苛刻
易于交流								不易交流
开放								封闭
可亲近								难以接近
有礼貌								不礼貌
霸道								屈从
善解人意								不解人意
善意								伤人
宽容								不宽容
讲道德								不道德

（续表）

	1	2	3	4	5	6	7	
尊重他人的自由								控制他人
建设性的								破坏性的
你的补充								

接下来的两个极性分布表涉及你在感到自己充满能量的状态下如何看待自己和他人。如果你无法轻而易举地感到自信，我在此为你提供一个小小的预备练习。你可以尽可能地回想起自己的许多长处。当你意识到自己积极一面的时候，你的自我认知自然会发生变化。你会马上体会到，你对自己和他人的想法实际上只是可变的设想。请尝试回想起一些场景，你在其中感到自信、感到骄傲，或者你在成功完成挑战时对自己的肯定。你还可以询问亲近的、对你友善的人，他们欣赏你身上的哪一点。

现在，请你比较一下两种条件下你如何对待自己和他人：一种是当你刚刚触及痛点的时候，另一种是你感受到自己充满力量的时候。你可能会发现，情境不同，你看待自己和他人时会有所不同。这是很正常的，但也显示了当基本需求受到损害时，你对自己和他人的看法会受到不利的影响（受伤的感觉本身已经很糟糕，而自我贬低更是雪上加霜）。

在有利条件下你对自己的看法

	1	2	3	4	5	6	7	
受欢迎								不受欢迎
自信								不安
有能力								能力不足
成熟								孩子气
被理解								不被理解
有价值								无价值
被爱								不被爱
被需要								多余
自主								受他人支配
受重视								被轻视
自作主张								愿意服从
独立								依赖
受保护								不受保护
灵活								保守
乐观								悲观
坚强								脆弱

	1	2	3	4	5	6	7	
被平等对待								受歧视
受期待								不受期待
善于处理冲突								回避冲突
开放								封闭
你的补充								

当你能正面积极地看待自己的情况下，你对他人的看法

	1	2	3	4	5	6	7	
体谅								无情
公平								不公正
乐于助人								自私
友善								不友善
重视								轻视
有同理心								无同理心
坚守如一								善变
充满爱心								无爱心
大度								苛刻

（续表）

	1	2	3	4	5	6	7	
易于交流								不易交流
开放								封闭
可亲近								难以接近
有礼貌								不礼貌
霸道								屈从
善解人意								不解人意
善意								伤人
宽容								不宽容
讲道德								不道德
尊重他人自由								控制他人
建设性的								破坏性的
你的补充								

　　完成这些表格后，请对你的自我形象和他人形象做一个总结。

途径 6：生活经历

回忆童年和青少年时期的基本需求是否得到满足时，人们的记忆中可能已经浮现出一些让自己感到压抑的场景。这些经历往往是一些不愉快的经验，然而很多人可能已经无法再记起他们当时的感受。我们以塞巴斯蒂安为例，当弟弟出生时，塞巴斯蒂安只有三岁，他在这个时候就失去了父母的宠爱。他当时会有什么感受呢？尽管他无法想起当时的具体感受，但从留下来的照片中可以看出他很伤心。

那时候塞巴斯蒂安的父母总是对他说"作为哥哥，你应该懂事才对"，因为他常常捉弄自己的弟弟，他不满父母的处理方式，而他的不满换来的是惩罚。这让他不得不选择逃避，他感到愧疚又害怕，害怕自己不再像以前那样被接纳。

压抑自己的真实感受，这是最早的自我保护措施之一。了解感受被抑制的过程（出于恐惧或羞耻）对我们来说非常重要，因为在这个过程中，我们在某种程度上失去了对这些感受的掌控。

通过回忆童年或青少年时期的负面经历，我们的眼前展现出另一条寻找大象的直接途径。你可以将回忆逆推到那些你的父母一再设置严重警告的地方。这意味着你可能不得不一次又一次地听到特别的话语。作为孩子的你别无选择，只能屈服，如果反抗，会让自己陷入更为不利的境地，导致恐惧、羞耻、无助、不公平、愤怒或孤独的感受。

如果愿意，请取出你过去需求表格的平均值，我们检查一下在过去没有得到满足的重要需求中，哪一个最适合你所选择的主题。以下问题可以帮助你更准确地确定与最初感受相关的基本需求。根据目前在小事情中反复出现的痛点，你可以考虑自己是否遇到过以下这些问题：

- 你是否感到自己没有被认真对待？
- 你是否害怕被抛弃？
- 你是否感觉自己受到了不公平对待？
- 你是否不被理解？
- 是否有人取笑你？
- 你是否需要父母的援助和支持？
- 你是否感到所受的惩罚过于严厉？
- 如果没有你父母的严格禁止，你是否曾经想尝试做某事？
- 你的父母有没有尊重你的意愿？
- 你是不是觉得，父母最好不要来管你？

这些问题仅仅为你提供一个参考，因为每个人的经历不同，本书无法涵盖所有的情况。

如果某个经历对你来说太痛苦，那就不要勉强自己去反复回忆，可以选择其他较为温和的方式来处理。

你在童年的各种困境中所体验的最初感受，是否与你今天面对小事的感受相同？如果是这样，那么这种关联会变得非常直观。请尝试接受这种感受，因为这有助于你正确地理解它。你可以清楚地意识到，**作为一个成年人，你不再是从前那个无助的孩子，你有更多的选择，也更有能力去应对一切。**

如果在回顾过程中没有浮现出明确的感受，你可以回想一下，在过去令人沮丧的情况下，做什么会让你感觉良好。现在请你给这个需求起一个名字。这是你根据基本需求列表揣测出来的需求吗？不必局限于预先提供的列表。请选择适合你自己的需求名称。你可能会发现自己有多个需求，它们之间可能很难协调。

你现在对困扰你内心的大象有了全面的认知。现在的关键是用一些建设性的方法来应对这种困扰。接下来一章的思考和练习将逐步帮助你恢复内心的平静，帮助你：

- 缓解过去的伤害。
- 用适当的应对模式取代过时的自我保护程序。
- 修正你对自己和他人形象的狭隘看法。

你还可以探索更多的可能性，关注你的基本需求以及身边人的需求，从而改善你的需求平衡。最终要记住：**对生活的满足感越大，就越不容易受到心理压力的影响。**

我走上街，人行道上有一个深洞，我掉了进去。我迷失了……我绝望了。这不是我的错，费了好大的劲儿才爬出来。

我走上同一条街，人行道上有一个深洞，我假装没看到，还是掉了进去。我不能相信我居然会掉在同样的地方。但这不是我的错。我还是花了很长的时间才爬出来。

我走上同一条街，人行道上有一个深洞，我看到它在那儿，但还是掉了进去……这是一种习气。我的眼睛张开着，我知道我在哪儿。这是我的错。我立刻爬了出来。

我走上同一条街，人行道上有一个深洞，我绕道而过。

我走上另一条街。

——波歇·尼尔森

重获内心平衡的途径

如果这些隐藏在我们身上的大象不来干扰我们，我们也许会可怜它们，因为它们似乎只有负面的特征，诸如：

- 受限（我们如何看待自己和他人）。
- 受伤（我们的基本需求）。
- 根深蒂固的观念（我们的自我保护程序）。
- 内心的某处伤痛（某项需求曾经受到损害）。

如果我们已经认识到这些大象，那么接下来该怎么办呢？

一头可见的大象与一头隐藏的大象大不相同。在之前的章节中，我们从不同的角度进行了分析。现在它不再是一个模糊的概念，而是有着明确形状的大象。通过自我观察和问卷调查的指导，你已经能够接触到其不同的组成部分，这些部分的总和解释了我们为何因琐事而产生激动情绪。

因此，让我们将可见的大象视为聪明且强大的动物，它能识别危险，知道如何适当地保护自己，并且在关键时刻能够向你展示你真正需要什么。如果你由于某种原因过去一直试图将它驱赶走，那么从现在开始，你要欢迎形象崭新的大象：一只极具益处的巨兽！你可以为它贴上对你来说特别重要的标签（例如尊重、重要、关注、独立自主等），这将有助于你在日常生活中重新认识它，并给予它应有的关注。

通过采取适当的行动来满足你的基本需求，你会发现由此产生的能量在关键时刻能够很好地派上用场，从而使你的生活不断走向积极的方向。

每一个改变的步骤都必然始于目标的设定。这并不总是那么容易。美国作家芭芭拉·谢尔（Barbara Sher）所著的一本备受欢迎的自助书籍，副书名是"如果我真的知道我想要的是什么"。人们对寻找有意义的目标的浓厚兴趣表明，很多人都没有学会充分关注自己的内在需求。

而你自己在此过程中已经取得了相当大的进展，至少你已经将更好地重视自我作为目标，你已经认识到哪些基本需求对你来说很重要，以及它们得到了多大程度的满足。从你的能量消耗图中你已经了解到，如果你改变时间和精力的分配比例，你对生活的满足感会得到提升。

最后两点为你的内心平衡奠定了良好的基础，也令你将来不必再为小事而烦恼。我想从你现在看到的大象以及找到它的六条途径开始，针对这些可能遇到的问题，为你提供解决方案：

通往你的大象的途径	目标设定
途径 1 和途径 2： 蚊子和激动情绪	在处理蚊子时更加淡定。
途径 3 和途径 4： 痛点和自我保护程序	关注你受损的基本需求，与情况相符的思考和行动，有助于满足需求。
途径 5： 自我形象与他人形象	积极正面地看待自己和他人。
途径 6： 生活经历	不再愤怒，宽容地回顾过去。

这样一来，蚊子也变成了它们真正的样子：微小而无伤大雅的害虫。

阅读本书时，你慢慢静下心来，从旁观者的立场去反思你的想法和回忆，捕捉感受，或者只是意识到基本需求的存在，而且这些需求是合理的。在这个过程中，你能更客观清晰地看待自己的情绪，越是深入研究调查问卷和评估表，就越有可能从中获益。

不再害怕被叮咬，更加从容地应对蚊子

"哎哟……天啊，你不能小心点吗？"每个人都会理解这样的呼喊，如果不小心碰到了他人尚未愈合的伤口，很可能会立刻向对方道歉。**但是对于心灵的创伤或伤疤，我们通常不会大声呼喊，而是试图隐藏自己的脆弱，本能地采取各种方式来保护自己。**正如我们在许多例子中所见到的，这种做法通常会让自己进入一条死胡同。

也许你自己会想到一种常见而有效的家用良方，在情绪突然激动时先做深呼吸，然后在内心慢慢地数到 10。这种方法是正确的，通过放松身体并计数来获得时间上的距离，这是朝着内在平衡迈出的一小步。

如果你有兴趣，可以尝试以下练习，以提高你的舒适感。

请你有意识地关注所有积极的日常体验，这些体验可以是小小的成功经历、放松的时刻、你送给他人的小小礼物或收到的小小礼物，或者是一份赞美。将这些积极的体验与某一个信号联系起来，可以是：

- 内心默念短句（例如"我喜欢"），或者哼唱歌曲（例如 *Don't worry, be happy*）。
- 一个小小的动作（例如搓搓双手）。
- 一个感官刺激。香水是非常有效的，可以选择你喜欢的香水并随身携带（可以是瓶装香水或将香水滴在手帕上）。

香氛有镇定的作用，当你感到舒适时，只需将香氛放在鼻子下面深呼吸，然后香氛（或者内心的句子，或者你双手的动作）就会与积极的体验联系在一起，成为美好时刻的记忆信号。我已经通过实验证明了这种效应。通过香氛来回忆美好的经历是一种有效的方法，它可以防止蚊虫叮咬，我们接下来会看到这一点。

应对突发情况的七条建议

当触碰到一个痛点时，你应该注意什么呢？心理治疗师贝尔贝·瓦尔德斯基（Bärbel Wardetzki）在《没有人能轻易伤害我！》一书中为这种情况制定了一个急救箱，其中的工具包括以下七条综合建议。随后，你还将了解到专门针对你的大象的具体解决方案。

1.有意识地察觉你的内心正在发生变化，请用语言表达出你的感受。例如，你对自己说："是的，此刻我感到受伤和不安。"

2.试图积极肯定当前产生的感觉。你不必立刻做出"理智"的回应并去控制情绪。如果你能够发泄情绪而不伤害他人，也不担心别人会利用你的发作反驳你，那将会有一种解脱感。请避免报复对方的想法。与其说脏话，不如说一些没人懂的话。如果你会外语，可以来一句奇怪的咒骂，或者坚决地说"Habumbalakatschimba"（一堆毫无意义的字节——译者注），这会让人感到莫名其妙，但没有人会责怪你。如果有人问你为什么这么说，你可以回答："断片了。"几乎没有人明白怎么回事，但这很有用，因为它意味着"中断"。

在第一波情绪冲动过后，你可能还会发现其他"潜在"的感受。**愤怒比较容易表达，并且让你看起来不那么脆弱。然而在愤怒的背后可能隐藏着悲伤或恐惧，这些隐藏的感受通常是因为你的基本需求受到了损害。当你接受并体验这种感受时，你是在接触和碰撞自身。**那么，为什么很多人会觉得心灵的痛苦不如身体的疼痛合理呢？

3. 不要对自己有太高的要求，比如要求自己表现得很冷静或镇定。你现在就是你，接受自己的所有情绪，你以后有的是时间来改进自己。

4. 第一次爆发（或者生闷气）之后，请尝试着后退一步，重新思考刚刚发生的事情。你也可以从字面上去理解：前后走动一下或者离开房间。这样你就离开了紧张的环境，避免不必要的愤怒升级。当然，前提是你已经向对方解释你需要一点空间。或者拿起你的幸福香氛，闭上眼睛，回想起让你感到幸福的时刻。

如果你已经很了解你的大象，知道在突发的情况下需要做什么，不要等到那种已知的伤害情感全面袭来，而要迅速、友好而坚决地说出你想要什么和不想要什么。

例如，"我现在不想被打扰"，或者"这对我很重要，请不要开玩笑"，或者"这对我来说太重要了，我不想在这里草率地谈论它"，或者"我不确定你是否真正理解了我最关心的问题"。

5. 请记住，引发激动情绪通常是两个人的共同作用，并非一个人单独的责任。这样做有助于避免陷入无益的"受害者—施害者"的指责模式。例如，"你总是踩在我身上"，或"你从不认真对待我"，或"你根本不关心你怎么对待我"。请反思你和对方在情绪激动时的角色和责任，并承担自己的责任，这才是真正的自主性的体现。

6. 你对旧有的自我保护措施已经驾轻就熟，请你将注意力转向以解决问题为导向的替代思维，去对抗那些根深蒂固的观念。我们将在下面继续探讨各种可能性。不要再坚持那些对你不利的陈旧的行为模式，应该选择坦然面对而不是回避，选择澄清而不是盲目地攻击和责怪。

7. 把你的感受和需求联系起来。想想你的长处。所有这些都会提高你的自尊心，而这正是你在受伤的时刻最重要的基本需求。

在这里有几个关键提示：

在某些情况下，处理自己的感受和需求时需要谨慎。虽然了解和尊重自己的基本需求总是有意义的，但确实存在一些情况，如果我们表达自己真正的需求，我们可能不会得到理解。在某些社会领域，满足基本需求与群体规范相矛盾。而这一现象通常发生在职场中。

向员工、老板或客户表达感受或个人需求通常是不明智的，因为这可能被视为一种弱点。我们很少因此而受到重视，而是更容易让对方利用这种弱点向我们发起攻击。**有些人试图攻击他人的弱点，以便贬低他们，从而获得自己的利益。对于这样的人，你应该隐藏自己的弱点，以免给他们提供攻击的机会。**

此外，不同人的基本需求可能会相互冲突，或者它们只能以损害他人利益为代价得到满足。在追求自主权的冲动中，存在压制他人的风险。广告中使用的"独家"这个词其实意味着从中获得归属感，因为其他人不属于其中，例如，感觉自己身处一个高档社交圈，住在一个豪华的住宅区，拥有一本其他人没有的护照……

有时候，需求只是表面上得到满足，别人的友善之举并不是为了我们自己，而是为了达到其他目的。比如，在商业生活中广泛宣传的所谓以客户为导向。作为客户，你应该感到舒适，甚至应该被视为国王。销售员甚至可能对客户的爱好或客户家庭的爱好感兴趣，但他的目标仍然只是销售他的商品。在私人领域也可能存在这样的"诱惑者"。这些人操纵我们，以使我们感到舒适并产生信任，而他们的唯一目的是使我们顺从于他们的愿望。

当然，我们会遇到那些完全不关心我们感受的人，或者缺乏敏感和同理心的人。这些人实际上就是自私、冷漠、喜怒无常、封闭或者不宽容的。无论他们是为了保护自己的自尊还是出于其他原因，我们都不需要予以关注。因此，并不是你所察觉到的一切都是被旧有的模式扭曲的。请相信你的洞察力和观察力，如果有疑虑，可以考虑一下对方是否真的关心大家要相处愉快，也许他只关心自己的利益。**告诉狼我们的保护需求并理解它的饥饿是毫无意义的，因为它仍然会吃掉我们。**

重视基本需求：用适当的解决方式取代过去的自我保护程序

　　如果周边的人始终按照我们的需求行事，当然是非常美好的。这种设想也非常理想化，周边的所有人胸前都挂着兜售盘，我们只需从中取用："现在我想被认真对待，被理解，被爱，被尊重……"有这种期望的人很容易陷入困境，因为爱、归属感、尊重、安全感以及所有其他基本需求都不能强求。即使父母或伴侣在压力之下满足了我们的某些愿望，如果这种满足不是出于自愿，那么核心意义仍会失去。此外还要考虑到，拥有这样一种要求可能会使人重新陷入旧的依赖关系，而这与追求独立自主的需求背道而驰。我们也可以调整自己的沟通方式，更好地与他人相处，同时也让自己变得更独立、更完善。

　　正如我们所看到的，在情感困境中我们的自我保护程序是一个迅速运转的自动应急程序，似乎不给我们停下来思考的时间，我们努力去避免不愉快的感受，而不是寻找有意义的解决方案。"只有识别危险，才能排除危险"，这种思想太简单了，应该补充一些内容，比如"就算识别到了危险，只有解决方案在手，才能排除危险"。

面对你的痛点时，你如何找到良好的解决方案呢？虽然改变旧有的思维和行为模式并不容易，但你可以将以下建议作为一种指导原则。

1.你要关注自己的感受，即使它是不愉快的。这是一个相当艰难的练习，因为我们总是本能地试图摆脱它。在关键时刻，要接受你正在面临一头大象的事实。接受并肯定你的感受，比如愤怒、恐惧或羞愧。接受现实是迈向改变的第一步。

2.尊重自己的需求，也尊重他人的需求。通过调查问卷和测试，你已经获得清晰的认知。知道自己真正需要的是什么，这是找到解决方法的基础。

另外还有两种方法：

3.请检查你根深蒂固的观念是否在当前情况下有效。

4.请检查自己的自我保护程序的优劣，找到更好的解决方案。

这两点与通往大象的途径 4 相符，现在我们来详细地研究一下。

检查根深蒂固的观念

你已经记录下了哪些根深蒂固的观念在控制你的情绪反应。你是否认为这些观念在任何情况下都是合理和重要的？

接下来我们玩一个趣味社交游戏。

> 首先以一个带着命令口吻的句子做开头，下一个人则说出一个表达快乐的句子，可以是他心里想到的任何东西。例如：
>
> "懒惰是一切恶行的开端！"→"偷懒好开心！"→"不可以做不明智的事情！"→"不去冒险，就没有乐趣！"→"生活不是舔棒棒糖！"→"干坏事才好玩！"→"必须有始有终！"→"抓住当下！"→"必须竭尽全力！"→"今朝有酒今朝醉！"

你更容易想到哪些句子？也许这个相互对立的"生活智慧"的收集可以帮助你完成以下任务：

选择一种在你的生活中起着关键作用的固有观念，并对其进行审查。希腊哲学家苏格拉底鼓励他的学生使用批判性思维，而不是全盘接受。这有一个巨大的优点，就是你不需要依赖"专家意见"，而是可以自行找出对自己而言正确和有用的东西。这样可以增强自主思考的能力。因此，请按照这一原则和自己进行一次内心的对话。

用以下问题来检查一下"绝不能放弃"这句话：

1. 你对这个设想的正确性有多大信心？请在0%—100%之间做一个选择。

2. 你是如何得出这个信念的？是否有证据证明它的有效性？

3. 有没有迹象表明这个信念只在特定情况下有效？

4. 如果你不遵循这一信念，你最担心的后果是什么？你认为最坏情况发生的可能性有多大？

5. 遵守这个信念是否有助于提升你的幸福感？如果是的话，它对你有什么具体好处？如果不是的话，新的观点有什么好处？请写出一些可能性，并让你的直觉感受来决定，改变后的视角是否有助于解决问题。

6. 你现在对最初的设想的正确性有多大的信心？请在0%—100%之间做一个选择。

请记录下你的答案并总结一下。关于第五个问题，我们将在后面的内容中看看我们的主角们进行了哪些调整。

更好地解决问题的方案

为了找到更好的解决方案，我们应该保持一定的距离来审视自己的情绪。如果你自动采用一个不同的视角，在回忆时就不再感到直接的威胁，而是可以在时间上拉开距离。

	过去的观念	新的观念
丽莎	"如果别人生我的气，我会因此失去关爱和认可，这是我无法忍受的。"	"不要求每个人都喜欢我。"
斯特凡	"我必须要自我防卫，否则就得不到认真对待。"	"我知道自己的能力和价值。"
安娜	"我必须放弃个人的愿望，把他人的需求放在首位。"	"我的需求和别人的需求同样重要。"
彼得	"妻子的不满是我的错。"	"我不用对她的幸福负全责。"
塞巴斯蒂安	"我只有做点什么才会被别人需要。"	"我的价值不仅仅取决于我做了什么。"
西比莉	"谦虚是一种美德。"	"我可以坦然地捍卫自己的利益。"
马库斯	"最好不依赖任何人。"	"开口询问又不用花钱。毕竟这个世上还有很多乐于助人的人。"
你自己		

新的视角带来的新解决方案：

先将你能想到的所有解决方案都汇集起来，不必去检查它们的可行性。最好与你亲近的人一起做这件事，因为他人可以提供自己的观点和想法。然后，先选择那些符合你自己价值观的方法，再选出那些对你来说比较新的方法。

例如，丽莎认为在邻居打扰她休息之后，第二天去登门拜访是个好主意。这次拜访的目的并非要指责邻居，而是要明确地告诉邻居，她对邻居的愤怒感到震惊，并同时强调良好的邻里关系对她来说很重要。

然而在采取行动之前，想象一下可能会发生什么，有助于做好准备工作，减少恐惧感。

思想准备

请详细设想一下你遇到躲在蚊子后面的大象的情况，包括每一个细节：对方做了什么或说了什么？你感受到了哪些"字里行间"的信息？你的感受如何？你采取了什么行动，有什么效果？问题因此得到解决，还是恶化了？如果是后者，是否导致了问题升级，形成了一种恶性循环？

在尝试新的方式之前，请集中精力关注你的优点。或者回想一下，你是如何成功应对其他困难情况的。充分发挥你的优势，然后设想一下如何用新的方式面对突发情况。在此过程中，你可以通过轻声或大声地自我指导来鼓励自己："我可以做到／我有权这样做／我不会躲藏／我会面对他人……"

请你在脑海中想象一种自信的身体姿态，双脚稳稳地站在地上，与对方保持适当的距离。现在按照新的解决方案去行动。这种感觉如何？你能想象你的对话伙伴会做何回应吗？设想一下，这个场景的结束会令你明显感觉到更轻松。现在，你是否认识到你真正需要的是什么？无论如何，你给自己带来了一些收获，例如，敢于表现出真实的自我，有足够的勇气去直面冲突，并能够承担由此带来的后果。

实践测试

现在请考虑一下，如何把在脑海中演练的行为付诸实践。根据你的经验列出三种可能会令你困扰的情境，并按照难度排序。其中一种情况刚刚你已经在想象中经历过了。在实际测试中，从最容易的情况开始。或者你等待机会，直到再次遇到一个看似无关紧要的情况，试着用新的解决方式去应对突发情况。

你对自己感到满意吗？你能列出自己取得了哪些积极

的成果吗？你从中学到了什么？是否还有一些细节可以改进？请继续练习，尝试做出微小的调整，通过友善的内心对话不断强化练习。要珍惜每次小小的成功，自我夸奖很有益。

我们如何看待自己和他人

我们对自我的接受程度因自身经历而异。童年和青少年时期得到的爱和尊重可以让一个人更积极地看待自己，相反，如果经常受到批评或贬低则会让一个人更加消极地看待自己。

当你观察你的大象时，会发现在基本需求受到威胁的时刻，你会突然感到比平时更加脆弱，更容易受到攻击，而其他人则显得更加强大和具有威胁性。但如果你意识到自己的优势所在，情况就不同了，你会淡定沉稳地应对威胁，绝不会怀疑自己。这种区别让我们明白，我们并不是一成不变的，我们对自己的看法取决于各自的经验和背景。

如果我们想要让内在的平衡保持稳定，可以从现在开始，不再受自我和他人陈旧观点的干扰，而是将注意力集中在自己身上。所有这一切都围绕着两个问题：我们受到突发情绪困扰时需要做什么？我们如何让自己的内心保持平衡？

还记得你的极性分布表吗，一个是在突发情况下所列的，另一个是在对你有利的条件下所列的。接下来，请回答以下问题：

1. 通过比较，哪些特质表现出最大的差异？

2. 你在正常情况下拥有哪些优势特质？你在面对突发情绪时缺乏什么特质？

3. 哪种特质更有助于解决问题？

德国吉森市的心理治疗师雷娜特·弗兰克（Renate Frank）致力于"舒适感和生活质量"研究工作，提出了一系列练习建议。我们对此进行了修改，针对我们的主题将其融入以下建议中。借助这些练习，你可以：

1. 意识到自己的长处。

2. 利用这些长处。

3. 接受并消除自己的"弱点"。

意识到自己的长处并充分利用它

关于这一点，你已经在你正面的极性特质分布表中收集了一些信息。请将下面的句子补充到你的积极特质中，并大声朗读：

"我感到高兴和自豪，因为我……"

这样做可以改善你的情绪。研究积极心理学的马丁·塞利格曼（Martin Seligman）和他的同事克里斯托弗·彼得森（Christopher Peterson）列出了二十四项人类普遍的长处，这些可以帮助你找到更多的长处。雷娜特·弗兰克将它们归入六个基本人类价值观中，具体如下：

- 智慧和知识（长处：好奇心、乐于学习、判断力、创造力、远见）
- 勇气（长处：勇敢、坚韧、诚实、充满行动力）
- 人性（长处：友善、爱与情感联系、社交智慧）
- 公正（长处：社会责任感、公平、领导才能）
- 节制（长处：宽恕、谦逊、谨慎的智慧、自我控制）
- 灵性与超越（长处：美感、感恩、希望和信心、幽默、精神富足）

并非所有价值观或长处对你来说都很重要，因此，请选择你认为重要的部分。将那些你已经拥有或希望发展的长处记录在你的相关评估表上。

请选择三项你最大的长处，并考虑如何将它转化为具体行动。举个例子：

- 好奇心：尝试一些你长期以来一直关注的新事物。
- 友善：对他人的积极行为表示赞扬，多说感谢的话语。
- 美感：在你的书桌上放一束鲜花，或其他能增加美观的小物件。

每天早上醒来可以想想今天能做哪些事。晚上再回顾一下，你的行为产生了什么影响，多多夸奖自己。通过这些练习，你可以增强应对困难的自信心。

有时候接受自己的弱点也是一种长处。那么如何培养新的长处呢？在这方面，原则上有两个与其相关的步骤：

1. 审视那些对你造成负面影响的观念。
2. 请尝试用新的方式去应对突发情绪，可以从最简单的情绪开始，然后逐步练习去应对更复杂的状况。

关于第一点，对那些于我们无益的想法，值得做一下现实性审查。**毕竟每个人都可以自己决定怎么看待自己。**我们设想一下，有人因为自己的工作能力受到批评而感到人格受损。他可能认为自己很无能。他甚至已经形成了这样一种根深蒂固的观念，认为自己绝不能犯错，只有这样才能得到别人的认可。面对这样的标准，他的失败感已经是注定的了。

我们设想一下，如果你因别人的批评而自我怀疑，是否真的要把这个批评当作针对你个人的？你可以借助以下问题来进行分析：

1. 受到批评的那一刻，你在多大程度上相信这些批评是有道理的？

2. 在这一刻，你在多大程度上相信批评可能直指你个人的失败？你是如何得出这个观点的？你是否真的认为自己无能？

3. 是否有反面的证据，证明你是有能力的？

4. 你必须是完美无缺的吗？如果是，为什么？如果不是，为什么？

5. 你最担心的是什么？如果批评你的人确实认为你无能，会有什么结果？这对你来说是不是你原则上无能的证据？如果是，为什么？如果不是，为什么？

6. 你是否在明天、一周或一个月后还会因这次批评而烦恼？

7. 这次批评反映了批评者的什么特点？他可能正处

于压力之下在找替罪羊，或者他只是在找你撒气？

8. 这个批评是否具有建设性？如果是，是否对你有益？如果不是，你如何拒绝接受它？

在你的回答中，你可能会发现一些非理性的思维模式。也许你下的结论过于草率，比如批评意味着他不喜欢你。或者你可能发现对自己提出了很高的要求。或者你可能会将批评视为无法改变的个人灾难，而没有考虑它可能会产生什么影响。

现在试试用不同的角度去思考这些问题，可以使用以下示例作为指导：

旧想法："我是无能的。"

新想法："我很清楚自己的能力，我允许自己犯错误。"

强化新想法的理由：

- 这个任务非常复杂。

- 时间紧迫，本来就容易犯错误。

- 重要信息没有提供给我。

- 我需要更多支持。

- 这个批评不合理，因为……

- 没有人是完美的。

－把这个任务交给我并非偶然。

－我做的事大多数都是成功的。

请分析一下你表达新想法时的感觉，你是否感到有些释然？如果没有，尝试用另外一个句子，在受到批评时内心想到的、真正让你好受的句子。例如："如果我做得不对，当然接受批评，但也要讲究批评的方式，就不能好好说话吗？"或者"如果对我有意见，就直接说出来，别这么拐弯抹角的！"

通过苏格拉底式对话的方法，你可以检查你对自己的所有消极假设，然后用更合适的评价替代它。你会发现你拥有的长处比你意识到的更多。

你还可以使用类似的问题来检查你在情绪产生时对他人的看法。你还可以假设你觉得上面示例中的批评者是傲慢的、伤人的或不体贴的。

你在受到批评时对他人的看法：

1. 你在多大程度上认为这些特质确实符合对方形象？

2. 你从哪里得出结论，认为他是这样的人？

3. 他的行为方式有其他的解释吗？

4. 如果有，这些解释是否让你感到宽慰？

> 5. 你是否也了解到这个人的其他方面，比如尊重他人或乐于助人？
>
> 6. 你认为这位批评者本人是否完美无缺？
>
> 7. 你是否必须要和一个非常不友善的人打交道？
>
> 8. 他是否真的有权评价你的能力？

现在请尝试纠正你对批评者的看法，看看新的观点是否能让你心里好受点。

> **旧想法：**"这个人想要伤害我。"
>
> **新想法：**"这个人实际上对我很好，只是目前他自己压力很大，所以才对我这样。"
>
> **支持新想法的理由：**
>
> － 当他压力过大时，就比较容易心情烦躁，免不了会批评指责别人。
>
> － 他承担着自己的责任，压力很大。
>
> － 他希望能掌控一切。
>
> － 他也经常帮助别人。
>
> － 我非常欣赏他身上的许多品质。

　　请再次回顾你在面对批评时的情绪反应，然后考虑一下：你是否依然坚信你原来的想法是对的？当你重新评估批评后，你的感受如何？现在是否更容易妥善地对待他人的批评？

　　总的来说，重新审视自己对他人的负面想法通常会带来很大的解脱，因为根深蒂固的敌意会制造紧张和防御机制，这总是会耗费我们的精力，让我们陷入困扰和痛苦之中。通过这些在多年来的认知行为疗法中证明有效的练习，你可以对那些自发的负面评价进行一次检查，从而摆脱陈旧而扭曲的认知，更好地看待自己和他人。

迈向未来的一步

善意回顾

如果你想更深入地厘清以前是如何处理事情的，那么就要直面早期需求的受损情况。如果你目前没兴趣整理以前的经历（也许你认为它们已经过去了，也许你不敢去尝试，或者认为"何必要去搅动尘封的往事呢"），那么可以直接跳到下一部分。有人会在过一段时间后对此产生兴趣，或许你可以寻找一个陪伴你的人（例如一位心理治疗师）一起进行整个回顾过程。

我想从对童年和青少年时代的正面回忆开始。虽然对未来的期待被认为是最美好和快乐的，但对过去愉快经历的回忆同样有助于提升我们的幸福感。多年后的一次同学聚会可以通过回顾开心的经历将我们带入愉快的情绪，观看儿时的录像可以唤起过去的快乐，翻阅旧影集可以让我们沉浸其中。与他人分享这些回忆，故事会自然而然地连在一起，正面的回忆具有一种感染力。

追忆快乐的童年时光

瑞士心理治疗师维雷娜·卡斯特（Verena Kast）建议进行一次"欢乐传记"，即回顾童年时光，只专注愉悦的回忆。她列举了许多例子，可以唤起我们对正面经历的记忆。我对她的建议进行了部分采纳和补充：

1. 运动的愉悦：玩捉迷藏，攀爬树木，滑滑梯进入游泳池，欢乐跳跃，玩雪橇。你肯定可以想到许多。

2. 触觉和触摸的愉悦：在浴缸玩水，在沙滩挖沙子，泥巴大战，枕头大战，搏斗或拥抱。这些都是美好的感官体验。

3. 拥有秘密：一个不让他人知道的藏匿之处，阅读父母禁止的读物，玩儿童医生游戏，偷樱桃和其他恶作剧。因为是被禁止的，反而觉得特别有趣。

4. 尝试新事物，发挥想象力：新的发现，自编自写故事，扮演不同角色，制作小东西。这一切都是出于好奇和乐于尝试而产生的成功体验。

5. 接受礼物与馈赠礼物的喜悦：回忆大大小小的惊喜礼物，自己亲手制作的东西给他人带来快乐，或者自愿帮助家人打理日常家务。令人愉悦的经历可以反复回忆。

在这些愉快的回忆中，重要的亲人也可能以全新和正面的形象出现。请你想想，你的父母是如何为你精心策划生日派对或圣诞节的，你有多喜欢他们的礼物，比如你的第一辆自行车。这些回忆可能唤起你对他们深深的感激之情。如果你以此为契机，把曾经善待你的人列出一张名单会怎么样呢？他们：

- 曾在困境中鼓励或安慰过你。
- 称赞你取得的成就。
- 曾支持或保护你。
- 唤起了你对有趣话题的好奇心。
- 教给你可以引以为傲的技能。
- 当你需要时他们一直陪在你身边。

为这些人写一封小小的感谢信吧！即使这些人已经不在世，也会对你有好处。

正面愉快的回忆对我们来说是一个宝藏，它给我们带来了能量与动力，让我们能更好地应对复杂的生活。

什么事情会使你今天仍然感到快乐？

哪些幸福的源泉被你忽视了？

回想起童年时的幸福经历，你对自己和周围世界的看法有什么改变？

通过回忆，你是否能在现在的日常生活中发现新的快乐？

你是否可以多做一些能让你开心的事情？

没有什么比真实存在过的快乐更能让人心情愉悦，那些美好的、快乐的时刻值得反复追忆。

关注自己内心受伤的小孩

虽然过去的事情无法改变，但可以让你意识到，与童年时期的困境相比，今天的你已经不再那么无助和缺乏保护了。我们已经成年了，对我们来说，以前的高墙现在看来只是一堵矮墙。然而有时人的记忆还停留在过去，无法用更成熟的方式去应对原本的障碍。

我记得一条狗的故事，它被一条三米长的绳子拴在树上，它渴望奔跑，然而树上的绳子捆绑着它，它转来转去，活动范围却不断缩小。当我最终解开绑住小狗的绳子时，它继续沿着原地跑了几分钟，然后停下来犹豫不决。我看到它缩起尾巴，先是试探性地跑了几步，然后慢慢加快速度跑向远处。

过了几天，我看到它已经融入了一群流浪狗的队伍，这条狗显然迅速意识到自己获得了自由。**然而有些人似乎害怕自由，并且可能一辈子都摆脱不了他们心中的无形枷锁。**

你已经完成了重要的回忆工作，回顾了旧时的感受和需求，能够坦然接受这一切了。现在你可以对自己说："我曾经是如此无助和依赖他人，但这一切已经成为过去。如今，**我是一个成熟、勇敢、自信的成年人。我有权表达我真正的感受和需求！**"

从原则上讲，我们拥有解开陈旧束缚所需的一切：

1. 我们已经远离曾经的生活场景。

2. 我们不再受过去环境的束缚。

3. 作为成年人，我们拥有更广阔的视角和对自己人生更多的掌控力。

解开狗的绳子，我的良心稍有不安（这涉及狗主人的财产权）。**我们如何帮助自己内心的小狗（或孩子）挣脱束缚呢？例如，如何让它明白它有牙齿可以自己咬断绳子呢？**

我们有时需要借助心理治疗的引导，将自己置身于一个

记忆犹新的过去情境中。然后以自己今天成年人的身份，来
帮助那个当时感到不知所措的孩子，表达出他在童年时刻无
法说出的话。可以想象自己扮演一个体贴的旁观者角色，直
接与其父母或其他关系重要的人交流。最好将你的想法写下
来。以下要完成的句子涉及重要需求的主题，可以为你提供
一些帮助：

- （你的名字）小朋友，现在觉得……

- 如果他这样做，是想要表达……

- 他需要你们的理解……

- 当他……时，请认真对待他。

- 如果他……不要让他独自一人，不要责备他，不要嘲
  笑他，不要忽视他，不要让他感到羞耻。

- 如果他……就让他尝试一些新事物，只要他不伤害到
  任何人。

- 如果他……尽量让他在可能的情况下自己做决定。

- 如果他……请多给他些时间。

- 当他可以独自完成某事时，请不要干涉。

- 当他因为……感到自豪时，请给予及时的认可。

- 如果他……请不要让他感到有很大压力。

- 当他……时，请尊重他仍然是个孩子的事实。

- 当他……时，请设定明确的界限并加以解释。

- 当他……时，请尊重他的隐私。
- 当他……时，请留意并满足他真正的需要。

作为成年人的你可以说是与父母处于同等地位，这是一个有益的视角转变。从这个立场出发，为受伤的孩子辩护是一种关键的经历。事实上，几乎没有人像父母那样对孩子的感情和思想具有如此大的影响力。打破旧的模式会对现在产生影响，它有助于减轻我们对他人的恐惧，并更好地与自己相处。你可以将其视为一种巨大的解放。**通过对自己内心小孩的关怀，我们会更加关注自己的敏感情绪。**

现在你可能在思考：我是否还有重要的话要对父母说？我是否愿意这样做？我是否能够打动他们的心？也许你的父母已经去世或年事已高，你可能不想再给他们增加负担，或者你可能坚信他们不会理解你早年的困扰，只会辩解或淡化问题。

如果你的父母仍然健在，你可以考虑跟他们直接对话。随着年龄的增长，他们可能会更加开放和富有同情心。也许你能够观察到，他们今天如何以充满爱的方式与孙辈互动，这可能让你感到有些嫉妒。**但最重要的是，你是否能够找到一种方式，表达出在童年沮丧时刻未能说出的话。单单这一点，就可能让你如释重负。**

扮演贴心成年人的角色意味着你要重新定义自己，你也可能感到自己变得更加强大。正如之前所说，你与自己的父母站在同一高度，而不是采用儿童需要仰视的视角。和父母之间的对话让你再次注意到你内心那个敏感的孩子。

如果有机会，也请与好友们谈谈他们童年时的困境。没有人能够躲过这个困境，因为天底下没有完美的父母。如果你已经尝试与父母交谈，并发现他们不愿涉足旧事，有抵触情绪或感到受攻击，那么我建议你尝试这个方法：请父母在你说完之前不要说话，即使这可能需要更长的时间。如果需要的话，你可以说："请等我说完了再做回应。"请你强调这对你来说是多么重要。反过来，你也给父母亲做出回应的机会，并且不要打断他们。

尽量避免将你的父母视为被指责的对象，说他们没有给予你应该得到的东西，尤其不要将他们视为造成你今天困难的罪人。这会自然地给你的父母带来压力，可能会触发他们的自我保护程序，导致他们选择逃避。

不再追究责任

你是否能够停止对父母的失望，并在必要时与他们和解？请看看以下哪项陈述符合你的情况：

- "我愿意这样做。"

- "如果有机会，可以试试看。"

- "现在不行，也许以后可以吧。"

- "我已经做过所有尝试了。"

- "这只会重新揭开伤疤。"

- "无法和这些人谈论这种事情。"

- "他们否认一切。"

- "时机已经错过了。"

- "绝对不可能！"

在这些可能会出现的表达上，你认为哪些符合自己的心声？如果你已经决定与父母或其他有重要关系的人进行对话，那么你就迈出了很大的一步。每个人都知道自己不应该抱怨。已经有经验表明，和解对身心健康有益。如果不能消除过去的失望情绪，不仅会影响与父母的关系，还会影响到我们现在的生活。

然而，如果出现以下情况，和解将会变得困难：

- 认为选择和解是软弱的体现。

- 把责任归咎于他人。

- 觉得和解意味着自己可以不负责任。

- 担心新的误解会让自己再次受伤。

这些困难可能很难克服，或者现在还不是采取这一步骤的时机。在高度压力或生活满意度较低的时期，和解成功的可能性较小。一旦进入了更平衡的状态，你拥有更强的自信心，就会更容易做出决定。

如果你已经愿意和父母或其他人和解，那么你可以采用以下行动：

- 表明自己不必为任何事道歉。
- 尝试用一个旁观者的态度去看待过去的事情。
- 坦然承认你当时的感受。
- 如果你能够理解自己作为一个孩子的处境，那么你也可以尝试理解父母当时的情况。换位思考一下你的父母可能面临着的困难和压力。
- 不要对你的父母有过多期待，请尝试理解他们的自我保护程序。
- 不要过于依赖其他人对你的看法。
- 想一想你是否也曾经让其他人失望，而他们选择了原谅你。
- 再次回想一下父母给予你的一切美好点滴。

稳定内在平衡：强化你的个性

除了希望在特定的蚊子困境中更好地处理自己的情绪之外，你还可以设定更长远的目标，发掘自己的更多潜力。因此，让我们再次回顾一下你的需求总结与你的时间和精力分配表，看看它们对于你的内在平衡有何帮助。

需求总结：改善平衡的可能性

每个人都希望自身的基本需求和他人的需求和谐共存，这当然是最理想的。然而这种平衡并不是总能达到。它可以作为我们努力的一个目标。在我们的人际关系中，需求之间存在不可调节的紧张关系。这就像是去搭乘一艘船，如果我们装载太多东西，它将失去操纵能力或下沉；如果负载不均,它就会倾斜。每种需求的满足都需要其他需求做出相应的妥协,所谓的需求平衡其实是流动性的。

当你审视自己的需求总结表时,你可能想要做出一些改变。由于没有人能够一次性改变一切,我建议你先将你特别重视的那个需要放在重要位置上。让我们仔细地研究一下你的需求总结!

为了确定你想要做出哪些变化,以及这些变化将如何影响你的需求平衡,我向你介绍一个由心理学家保尔·赫尔维希(Paul Helwig)开发并由弗里德曼·舒尔茨·冯·图恩(Friedemann Schulz von Thun)扩展而成的"价值四方形"。它非常适合概括"需求冲突"和"需求表达"这两个主题,并帮助你找到关于基本需求的优先顺序。

赫尔维希认为,每种价值观要得到建设性的发展,必须与一个对等的价值观处于平衡的紧张关系中。古希腊哲学家亚里士多德早就提过这样的观点。例如,在人际互动中,坚持自己观点的能力需要通过兼顾他人的能力来补充。坚持自己和关心他人是对立的,它们在辩证关系中相辅相成。

如果其中一种特质表现过度,就可能会产生负面性格特征。在我们的例子中,过分强调自我主张可能会被视为自我主义,而过分体谅他人可能会导致完全放弃自我。根据赫尔维希的理论,我们有四种特质,两种是正向特质,它们在辩证关系上互补;两种是负面特质,它们是正向特质的过度表现。这就构成了赫尔维希所谓的"价值四方形",这个模型将这四种特质的表现与关系展示出来。上面一层是正面但相矛盾的特质,下面一层则是它们对应的负面表现。箭头表示哪些特质在某种紧张关系中相辅相成。

赫尔维希的价值四方形

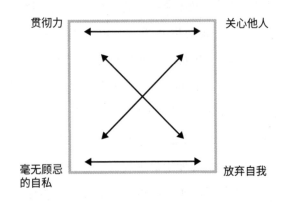

贯彻力　　　　　　关心他人

毫无顾忌的自私　　放弃自我

如果一个人总是把自己的兴趣放在次要地位,那么他既会缺乏关心他人的能力,也会缺乏坚持自己意见的能力。然而如果他厌倦了总是迁就他人,并决定以后不再顾忌任何人,他可能会走向无情的自我主义。从积极发展的角度来看,对于这个人来说,既要提高对自己的关注,也要能自由选择是否去关注他人。

现在让我们将这个想法套用到需求层面,我们可以根据价值四方形创建一个"需求四方形":每个需求都不是事情的唯一衡量标准，它总有另一个同样重要的需求与之对立。这两个需求都是合理的，但它们之间存在一种紧张关系。这意味着，如果我过于关注一种需求，投入时间和精力在这个需求上，另一个需求自然而然无法得到满足，久而久之就会被忽略。这一点值得我们深思。

需求四方形 1：

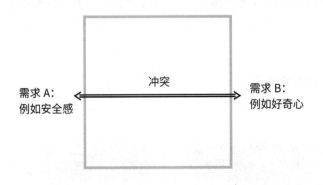

两种对立的需求

如果有一种需求，那么就会出现相应的问题，即一个人对这个需求有什么想法，会采取什么行动。如果一个人明确而坦率地表达自己的需求，采取相应的行动，并且对其在特定情境下是否适当有所感知，那么这就是正面和有效的需求表达。例如，对于安全需求的正面表达可以通过采取有意义的预防措施来体现。与此相反的则是一种无效的表达，例如强迫或控制等行为。

现在你可以问一下自己，你如何对待一个对你重要的需求。你的行为使你更接近目标，还是更多地阻碍了需求的满足？**有些人在需要他人时会表现得更加脆弱。尽管他们渴望得到关心，然而采取的却是逃避的态度。他们期待得到别人理解的同时会去责备他人。这些都是表达需求的不良渠道，主要用来舒缓短期的紧张情绪。**在复杂的人际关系中，妥善处理自己的需求尤其困难，因为这很容易与他人的需求发生冲突。

需求四方形 2：

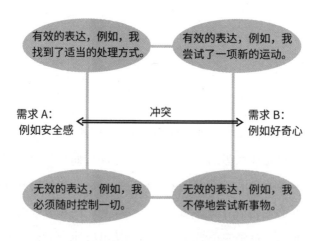

一个人两种对立的需求及其表达的方式

我们以自尊心的需求为例。这里有尊重他人的基本需求，作为自尊心的正向对立面。过度关注自尊心可能导致以自我为中心的行为，而过分重视他人则可能导致我们一直去迎合他们。

需求四方形 3：

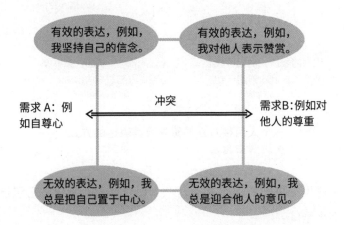

自己与他人的基本需求有冲突及其表达方式

我们再深入一步，例如，在亲密关系中的安全感需求。试图不断控制对方（例如在社交媒体上）或不给予对方自由空间都是破坏性的行为。取而代之的应该是，尊重伴侣对个人空间的需求，并找到更好的解决方案来应对自己可能会出现的担心（例如，分析自己内心相应的大象）。

需求四方形 4：

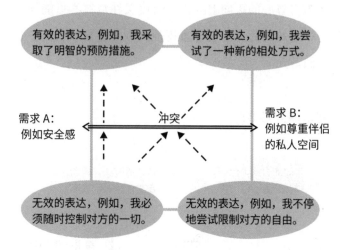

一个人两种对立的需求及其表达的方式
（虚线箭头指出的方向是期望得到的改善）

这里提供的需求四方形是一个相当复杂的结构，它包含了多个维度：

- 不同需求之间的紧张关系。
- 对需求有效的或无效的处理方式。
- 在处理需求方面的可能变化。

以下示例和发展自己的需求四方形的指南，将帮助你更容易弄清楚你是否想要进行一些改变。

七头大象是很好的向导

1. 寻求安全感还是坚持自我?
（丽莎的需求四方形）

　　害怕被拒绝是一种普遍存在的感受。向他人表达自己的意见和意愿并不是没有风险的事情，这需要自信和不畏冲突的勇气。

　　丽莎的生活经历告诉她，被拒绝就意味着会失去庇护。这导致她过分努力地想取悦所有人，对他人言听计从。在她的童年时代，她觉得冲突就是灾难。因此，她学会了忍气吞声，常常回避争吵。她从没想过要公开表达自己的观点。对她来说，她居然也可以去做这种被她视为自私的事情，这真是一次大发现。需求问卷中的相关答案也帮助她找到了线索。这是发展独立自主的第一步。她的需求四方形显示了这些关系。

为了更好地实现独立自主这个目标，**她学会了更加关注自己的感受和需求，并克服了与此相关的恐惧和不安。通过一些练习让自己更有信心，更敢于坚持自己的观点。**她惊讶地发现，一些人对她改变后的行为感到困惑，但后来这种困惑却转化为更多的尊重。因此，她对安全感的单方面需求变得不那么重要了。她也找到了表达这种需求的其他方式。

丽莎的需求四方形

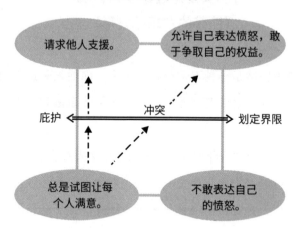

练习"学会区分"

丽莎列出了她社交圈内的十个人，并思考了这些人对她有多重要。如果其中某些人不喜欢她甚至拒绝她，她会有什么反应？她的学习目标：放弃根深蒂固的观念，即所有人都必须无条件地喜欢她。

2. 受人尊重还是自我尊重？
（斯特凡的需求四方形）

拥有受人尊重的社会地位是许多人的梦想。但是如果这成为自尊心的主要来源，那么就需要不断地通过他人的认可来维持自己的自尊心。一旦缺少这种认可，我们可能会陷入自我怀疑，甚至会导致抑郁或叛逆情绪。

斯特凡的需求四方形

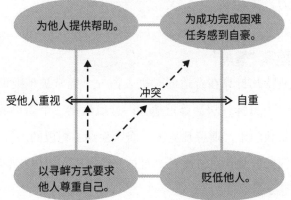

斯特凡深受这种思维的影响。他通过各种方式来争取受到别人的重视，例如，他通过挑衅的方式要求别人尊重他，这表现出他缺乏自重。

通过练习他学会了将注意力放在其他事情上。他学会了为自己的成就感到自豪，并意识到即使自己没有豪车，对他身边的人来说他也是一个有价值的人（例如，当他为他人提供帮助或通过亲切的方式关心他人时）。由于他对他人的消极看法在某种程度上反映出他自我重视不足，随着自尊心的增强，他对他人的好感也随之增长，这些人对他的变化感到惊喜，对他更加友好。

"只有自己喜欢自己，别人才会喜欢你。"这句话虽然说起来容易，但很多人受到成长环境等诸多因素影响，要做到真正喜欢自己却没那么容易。对斯特凡来说，**学会对他人友善，认可自己，这会开启一种积极的循环，并最终使他摆脱原有的恶性循环。**

练习"赞美"

斯特凡打算在合适的时机表扬一个经常被他贬低的人。他的学习目标：学会尊重他人。这虽然是一个简单的计划，但是收获颇丰，斯特凡从多方面体验到了积极的感受，他感受到他的赞赏让对方高兴，而对方的积极回应也让斯特凡感到自己是受欢迎的。

3. 坚持独立自主还是选择相互支持?
(彼得的需求四方形)

解决冲突没有固定的方法，我们必须反复询问自己，是否把他人的需求看得太重而忽视了自我，或者是否过于坚持自我而忽略了他人。当人们以平衡的方式相互关心时，每个人都会感到满足。我们面临的风险是，因为过于重视他人而忽视了自己，或者失去了自尊心，情况就会变得糟糕。在这种情况下，我们必须设定边界来抵御不合适的期望，以保持自己的内在平衡。

由于彼得妻子的不满，他对坚持自我和稳定亲密关系的需求受到威胁，而他又不能表达出这种感受。他的反应就是回归到孩童时的状态，如果他和母亲发生冲突，他就会抱怨胃痛，这时她的母亲就会展现出和解的意愿。今天他发出的不是胃痛的信号，而是疲惫的信号，以此表达他害怕失去妻子的爱（尽管表达方式非常不容易辨认）。意思是："我都这么疲惫了，请善待我，请理解我，不要再苛求我了！"

当一个人不断强调他很疲惫时，通常表示他需要独处的空间。彼得就是这样。然而出于对妻子的责任，他不能直接表达这种需求，而过去对母亲的负疚感则进一步加剧了这种责任感。在这个对他来说难以理解的混合需求中，他既不能适当表达对独立空间的需求，也不能请求他人理解他目前的状态，同时他也不能理解自己的妻子。

彼得的需求四方形

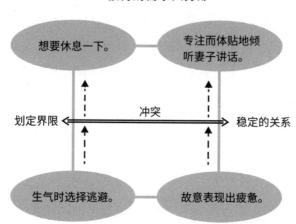

对他来说，重要的是需要和妻子坦诚对话，表达自己对被理解和受关怀的需求。这样他不仅处理好了伴侣关系，还成功避免了超负荷的工作。他也要与小时候的自己和解，使自己能够更好地关注妻子的需求。

练习"只是倾听"

彼得养成了多多关注妻子的习惯，他会关心地询问她的情况。重要的是，**他会仔细倾听她的故事，表现出关切和同理心，不会立即提供建议，而是带着理解去倾听**。妻子的变化是，不在他明显有其他事情要忙的时候就马上期待得到他的关注。

彼得的学习目标：**要允许伴侣对自己有不满情绪。**他的新态度是："我会认真对待你的不满情绪，不会立即把它视为对我个人的攻击，然后我们一起寻找解决办法。"一旦彼得理解了他的妻子真正需要什么，问题就迅速缓解了。对于亲密关系来说，还有什么比互相理解更重要呢！

4. 讨好他人还是做自己？
（安娜的需求四方形）

当你的表现符合他人的期望时，就容易讨人喜欢。当你为了迎合这些期望而否定自己时，就会产生糟糕的感受。在亲密关系中，如果一方为了保持自身独立性而不再配合对方，那么爱情将经受严峻的考验。

在此之前，安娜感到害怕，她不敢公开谈论自己的不满情绪。她以前的解决办法（努力做家务，为了获得母亲的好感）现在不管用了，因为她既没有得到爱和重视，也无法掌控自己的生活。尽管她的行为表面上是针对整洁的需求，但在潜意识中是对自己生活现状的不满。比起承认自己内心的失望，对丈夫发火显然更容易让她接受。

安娜的需求四边形

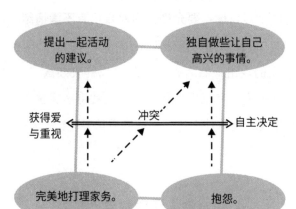

抱怨是一种隐藏的信号，因为自主性受限。安娜想要孩子的愿望一直没有实现，她和丈夫需要重新规划目前的生活。安娜可以找一份有挑战性的工作，这样她就有了相对的自主权。在之后的日子里，夫妻俩一起分担家务，留出更多的时间相处，彼此多沟通，这也有助于达成他们生儿育女的愿望。

练习"放手"

安娜决定每周给自己一天放空的时间，无须提前规划，也无须给自己压力，可以做任何自己想做的事。

之后她想出了一个不错的方法，彼得也表示赞同。安娜说："以后我会把袜子放在一个盒子里，当我积攒了三双时，你要履行一项承诺，陪我去看一场我选的歌剧，并且你负责买门票。"这是一件既费钱又费功夫的事情，但根据经验，它总是能让双方都感到享受。

安娜的学习目标：**优先考虑自己的幸福，满足对独立自主的需求，不要用所谓的义务来约束自己。**

5. 归属其中还是保持独立？
（塞巴斯蒂安的需求四方形）

这个问题也比较常见，如果你不愿意随大溜，就可能面临被孤立的境地。塞巴斯蒂安觉得只有自己在被人需要时才是有归属感的，因此他努力工作，一刻都不能放松。他愿意承担额外的任务，这样可以让他更受人喜爱。

对塞巴斯蒂安来说，**他应该更多地关注自我，更合理地分配自己的精力和时间，拒绝一些不必要的工作，这样一来他有更多时间陪伴自己的家人和朋友，也能用更轻松的心情和他人相处，而不是总抱着自我奉献的想法。**

练习"说不"

塞巴斯蒂安学会了拒绝别人对他提出的要求。他试用了一些句子，比如："这件事其他人也可以做。""现在我有更重要的事情要做。"他的学习目标：淡定面对他人被拒绝后可能表现出来的沮丧。

塞巴斯蒂安的需求四方形

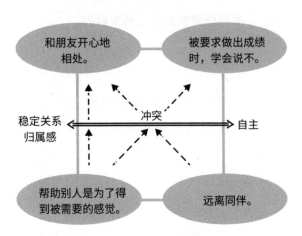

6. 公平高于一切还是追求自身的利益？
（西比莉的需求四方形）

当每个人在同一时间都想拥有相同的东西时，那么就会出现几种可能性：大家争吵，或者努力实现公平分配。但谁有权力制止个人利己主义呢？很多年前也许父母会努力确保每个孩子都受到公平对待，但今天想要实现公平，则需要所有参与者的共同努力。即使如此，找到公平的共识也并不容易，因为每个人都对自己或他人应该拥有什么有自己的想法。

西比莉的需求四方形

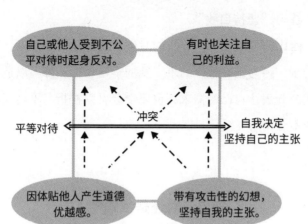

如果有人认为他总是受到冷落，那么他很难感到满足。因为另一个人总是拿走他需要的东西，所以他可能不会太在意公平这件事。西比莉从小被教育要无条件地顾及他人，这妨碍了她对公平对待和坚持自我主张的需求。前者转换成了一种道德上的优越感，而后者则在她充满攻击性的幻想中干枯凋零。

对西比莉来说，关键要学会尊重自己的需求以及适当维护自己的利益。她不要再把平等和公正的需求献祭于道德上的优越感，而是要为自己提出"拥有一视同仁的权利"的原则。最终，她要允许自己偶尔获得某些优待。她还可以尝试在突发的情况下直接发泄情绪，释放压力，让自己轻松。

练习"坚持自我"

西比莉可以在排队等候的时候，友好地请求别人让她优先一步，因为她有很急的事。她的学习目标：练习以适当的方式公开表达自己的需求；也要学会忍受挫折，不会因为别人的不合作而气馁。

7. 独自应对还是依赖他人？
（马库斯的需求四方形）

在这里我们遇到的问题是，依赖和独立之间的紧张关系。在我们这个分工合作的社会中，每个人都以各种方式依赖于他人。这对我们来说是理所当然的，只有当一些事情不如我们所期望的那样顺利时，我们才会感到不满，比如，火车没有按时到站，某种商品已经售罄，有人没有兑现他的承诺。我们可能不会把一些挫折视为个人问题，但在某些情况下我们会感到自己受到了侮辱。后者造成了某些后果：我们要求得到我们认为应得的东西，去惩罚导致问题的人（例如，我们可能会冷落他），由于失望而回避某人。也许我们可以找到一个建设性的方法，从他人那里得到我们需要的东西，或者接受这种失望。

马库斯的需求四方形

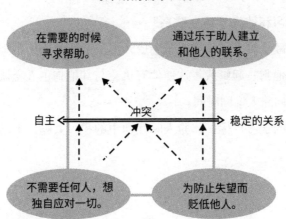

马库斯由于困境而养成的独立生活的能力最终导致了孤独，这是他为了避免进一步失望而付出的代价。他贬低他人不过是一种"酸葡萄"反应。

为了克服孤独，马库斯意识到需要重新审视自己的生活。作为一名前物业管理员，他在超市公告板贴出他可以提供手工活的广告单。为他人提供帮助让他有了与人接触的机会，这增强了他的自我肯定感，并为他带来了一些额外的经济收入。通过这种方式，他不再害怕自己会让人失望，因为他提供的帮助是受人欢迎的。在与他人的交往中，他重新发现了自己的社交能力，并纠正了他的消极人际观。最后，他也会试着请求别人提供帮助。每一次积极主动的接触，都在打破他原有的观念，使他走出自己的"家庭洞穴"。

练习和他人"建立联系"

在散步时，马库斯偶尔会放开那条活泼闹腾的小狗，让它和其他狗一起嬉戏。这使他有机会与其他狗主人交谈。有时他会向路人询问时间。

他的学习目标：体验人际互动中的积极共鸣，重新参与社交生活。

把自己的大象作为有用的向导

均衡的需求表对于你的生活满意度至关重要，你自己的需求四方形也会帮助你更好地调整方向。

正如前文所说，你不可能一下子改变一切。因此，请先选择一个经常发生的场景，就是说你在那种情况下总是因为小事而情绪激动。正如你现在所知，你的激动情绪指向某一个对你来说尤为重要的基本需求。那么请考虑一下，你的激动情绪所涉及的需求是什么，并为其选择一个适合的名称（可以从需求问卷中选择，或者根据你个人喜欢的概念选择），然后把这个需求（例如，职场认可）写在下面的四方形的左侧，作为需求 A。

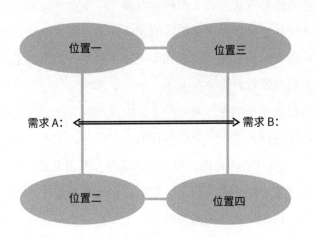

请你拿出本书的需求总结表，检查一下哪些重要的需求基本上没有得到满足。选择一个与需求 A 处于紧张冲突关系的需求（例如，"如果我一心追求职场成功，那么我的家庭就会被忽视"，也就是说你希望与你相关的所有人保持稳定的关系），将这个需求写在四方形的右侧，作为需求 B。

对许多读者来说，在职场上受到重视是一个核心问题，因此我把它挑出来，并将其放在四方形的左侧。可能与之存在紧张关系（右侧）的基本需求是什么？这基本上没有一个标准答案，关键是要看你认为哪个紧张关系对你很重要。

这个需求有可能是稳定的家庭关系，或者是希望有足够的时间尝试体育运动，或者是去国外旅行，也或许你只是想摆脱目前枯燥无聊的生活。请根据你的基本需求和愿望列表来重新考虑各种可能性。也许会有多个需求彼此冲突。请你首先选出你想要继续思考的一对矛盾需求，把这个对应的需求写在四方形的右侧。现在还剩下四个角落，用来展示这两种需求的有效和无效的表达。

根据我在培训课程和治疗会话中运用的方法，我想向你提出这个建议：请在与可以信任的人交谈时，依次关注这四个位置。（对一些人来说，将基本需求四方形想象成一个地面上的大四方形也会有所帮助。然后，要么在想象中，要么在椅子上，依次在这四个角落的每一个位置上坐一下。这可以帮助你集中注意力，感受其他角落的人对各个位置的影响。）

以下问题是中性的，在此我先给大家提供一些关于"职场认可"和"稳定关系"的潜在个人答案。这些问题有时并不容易回答，请你多花点时间，如果你暂时没有答案，可以将它们搁置在一边。大家都知道，过于紧张的思考会导致思维停滞。然而通过阅读本书，你也许会发现很多内容对你来说已经很熟悉，我作为一位"顾问"，由衷地为你感到高兴。

现在请你用口头或者书面方式，或者在脑海中回答以下问题：

位置一：需求 A 的有效表达

1.你想以后更多地表达这个需求，你觉得这个想法对吗？

示例回答："是的，但我还不敢告诉我的老板，我不确定他是否对我的表现满意。"或者"是的，这确实是我的权利。"或者"不行，我不应该觉得自己那么重要！"

你对需求的答案：＿＿＿＿＿＿

2. 你怎么知道你的需求已经得到满足了？

示例回答："我的老板如果对我的表现满意的话，会告诉我的。"或者"我可以更好地放松，因为我知道我的工作表现是合适的。"或者"我得到了更多的钱。"

你对需求的答案：＿＿＿＿＿＿

3. 你期望哪些人为满足这个需求该做些什么？

示例回答："我的老板，他应该看出我的努力。"或者"客户不应该只在出问题时联系我，他们也应该承认我的付出。"或者"我的同事，她应该偶尔对我说声谢谢。"

你对需求的答案：＿＿＿＿＿＿

4. 你自己可以合理地采取哪些行动来增加满足需求的机会？

示例回答："要有勇气更频繁地要求反馈。"或者"谈论自己对成果的贡献。"或者"要求涨工资，对领导说'这是我应得的'。"

你对需求的答案：_____

5. 你如何评估在当前情况下更好地满足你的需求的机会？

示例回答："机会不大，我应该等到老板压力小些的时候。"或者"不知道，但至少应该尝试一下。"或者"不算太差。也许我应该更频繁地自我肯定，这可能会产生感染效应。"

你对需求的答案：_____

6. 有什么可以帮助你，让你觉得尽管需求未被满足，经历了失望，但并未受伤、被冷落？

示例回答："批评并不是针对我个人的。"或者"这只是我的痛点，那都是陈芝麻烂谷子的事了。"或者"我的同事可能不知道，我希望他们认可我的付出。"

你对需求的答案：_____

正如你所知，这里的位置一是建设性地处理所提到的需求。请将这种反思和探索视为一种方式，类似于考古学挖掘一个珍贵物品（当然，在这里是一尊高贵的大象雕像），由于年代久远，大象的本来面貌需要经过清洗和修复才能如实摆在你面前——这是明晰认知和尊重个体需求的象征。

位置二：需求 A 的无效表达

在你的需求四方形中，这个位置是蚊子与大象问题的起点。你可以思考一下这些问题：为什么你和身边的人对小事有过度的反应？你或同伴如何尝试以陈旧的方式保护自己免受伤害？如果你愿意进行自我批评（这完全可能与一项自我保护计划相抵触），那么通过以下提问，你将再次看到可能存在的问题：

1. 在你目前的生活中，有哪些情况让你感到需求 A 没有得到满足或被忽视？

示例回答："在会议中，没有人提到我提出的问题的解决方案。"或者"为了迅速完成任务，我真应该得到表扬。"或者"没人问我是否在这个项目中需要得到帮助。"

你对需求的答案：＿＿＿＿＿＿＿

2. 这会引发你的什么感受（受伤、恐惧、愤怒、放弃、悲伤或其他）？你会怎么看待自己和对方？

示例回答："如果老板从不对我说什么鼓励的话，我担心他是想要摆脱我，他不大信任我。"或者"我就是不够好，我真想哭。"或者"我总是在别人需要帮助的时候出现，但我需要帮助时却没人帮我。这些都是自私的人。这让我很生气。"

你对需求的答案：＿＿＿＿＿＿

3. 当你有这样的感受时，你会采取什么行动？你如何尝试保护自己？

示例回答："我会避开我的老板。"或者"我会更加努力工作，加班。"或者"我不会抱怨，但我会很不客气。"

你对需求的答案：＿＿＿＿＿＿

4. 你是否认为这是一个过去的自我保护程序？

示例回答："什么自我保护？我就这样，没法改变。"或者"是的。如果我一事无成，我有什么价值？！只有绩效最重要。"或者"当然。我总是照顾别人，所以我随时都受欢迎。"

你对需求的答案：＿＿＿＿＿＿

5. 你希望你的老板或同伴如何对待你，而他们的实际反应是什么？

示例回答："我不希望我的老板察觉到我的不安，但我不确定他是否真正注意到我。"或者"我的付出应该是显而易见的，老板偶尔应该表示一下感谢。"或者"或许应该有人问我是否需要帮助，或是问我是否心情不好。"

你对需求的答案：_____

6. 你是否注意到这种紧张的关系，因为你过于关注需求A，而忽略了需求B？

示例回答："是的，我的家庭氛围总是不太好。"或者"每个人都只关心自己。"或者"有时候我晚上不太愿意回家。"

你对需求的答案：_____

位置三：需求B的有效表达

在这里请设想一下，如何以建设性的方式表达与需求A（这里是职场认可）存在冲突的需求B（这里是家庭联系）。为了给你一些启示，我们先回答以下问题：

1. 你如何知道你的需求B是否得到满足？

示例回答："我回家时会受到热情温暖的欢迎。"或者"我的丈夫/妻子会关心我过得如何。"或者"我的丈夫/妻子/孩子们想和我一起做些事情。"

你对需求的答案：_____

2. 你期望哪些人为满足这个需求采取行动？他们具体应该做些什么？

示例回答："我期望我的父母能够帮忙照看一下孩子。"或者"我期望我的丈夫能够对我的职场成就感到骄傲。"或者"我期望我的孩子们能够在遇到问题时信任我。"

你对需求的答案：_____

3. 你自己可以采取哪些合理的行动来适当满足你的需求 B？

示例回答："我可以花更多时间谈谈我们每个人都关心的事情。"或者"更明确地表示，我不希望受到干扰。"或者"我现在有时间满足孩子的愿望。"或者"偶尔想出一些新招，让我的妻子 / 丈夫 / 孩子们开心。"

你对需求的答案：_____

4. 你如何评估在当前情况下你的需求能够得到更好满足的机会？

示例回答："不错，我只需做我打算做的事情。"或者"这需要耐心，我们似乎有点疏远了。"或者"我可能需要退一步，孩子们在这个年龄段可能不太关心家庭了。"

你对需求的答案：_____

5. 对需求 A 的关注是否会导致与需求 B 发生冲突？

示例回答："是的，我无法应对所有的期望和现实压力。"或者"是的，我经常因为办公室的事情而烦恼，连续几个小时都无法专心听别人说话。"或者"是的，但只有通过工作，我才能挣到我们所需的钱。"

你对需求的答案：_____

6. 你会坦率地谈论这个问题吗？

示例回答："我们总是很难抽出时间来交流，但我们决心改变这种情况。"或者"是的，我们至少每周抽一个时间来讨论当下的问题或彼此的愿望。"或者"说话不是我的强项，但我能感觉到他人什么时候需要我。"

你对需求的答案：_____

位置四：需求 B 的无效表达

在这个话题上，人们通常不愿意直面自己的问题。比如，面对未能满足的期望，自己如何处理？是回避，沉溺于互联网或电视节目，责备孩子，抱怨伴侣，过度沉湎于自己的兴趣爱好，还是频繁地借酒浇愁？也许你对小烦恼的反应过于敏感，因为家庭成员根本不了解你在职场上做了多少事和经受了多大的压力，等等。

以下是一些问题，供你参考：

1. 在你当前的生活中，你可以回忆起哪些具体情况，你在这些情况下感到需求 B 没有得到满足或被忽视？

示例回答："我回家后立刻被各种问题所困扰。没有人注意到我需要安静。"或者"儿子想要一部新手机，因为我不愿意为此花钱，他生气了。"或者"我请我的丈夫 / 妻子帮我一个小忙，但他 / 她又忘了。"

你对需求的答案：_____

2. 这会在你身上引发什么感受（受伤、恐惧、愤怒、放弃、悲伤或其他）？你会怎么看待自己和对方？

示例回答："愤怒，没有人为我着想！"或者"失望，儿子只在需要我时才来找我。"或者"生气，所有人都只关心自己的事情，他们觉得我的愿望不重要。"

你对需求的答案：_____

3. 当你有这种感受时，你会采取什么行动？你如何尝试保护自己？

示例回答："我会先给自己倒一杯威士忌。"或者"责怪我儿子只知道索要。"或者"我会躲进我的房间，不表现出我有多失望。当别人问我怎么了时，我通常会回答：'没事，有什么好担心的？！'"

你对需求的答案：_____

4. 你是否认为这是一种陈旧的自我保护程序?

示例回答:"是的,当我感到愤怒时,我宁愿回避。"或者"这听起来很熟悉,只有当他人需要我时,我才觉得自己受欢迎。"或者"不是的。为什么说这是自我保护?这不是很正常吗?人在这种时候当然会生气。"

你对需求的答案:_____

5. 你希望你的同伴或家人如何对待你,而他们的实际反应是什么?

示例回答:"希望有人注意到我。但实际上,根本没人关注我。"或者"如果我儿子能多告诉我一些关于他自己的事情就好了。但实际上,他什么都不说。"或者"我不知道,我已经不再思考这个问题了。"

你对需求的答案:_____

6. 由于你过于关注需求 A 而忽略了需求 B,这导致了什么样的紧张关系?

示例回答:"我的妻子抱怨我总是看手机,说我的工作比她和家庭更重要。"或者"如果我在家里写字台前忙工作时被打扰,我会感到恼火。"或者"有时候我会感到难过,因为我没有时间陪伴家人。"

你对需求的答案:_____

为了做出对你个人来说很重要的改变，你还需要画一个或多个标明发展方向的对角线箭头，看看将来哪个需求（A或B）应该更受关注，思考一下你如何更清晰、更真实、更恰当地表达这些需求。你在位置一和位置三的回答将为你提供所需的指导（可以画垂直箭头）。

最好一开始只设定一个发展目标，然后耐心地坚持练习。你的伴侣、朋友、同事等也需要有耐心。也许你可以请他们提供支持。

如果你已经花时间回答了对你来说重要的问题，那么你已经成功地看到了你的需求四方形。但是如果还没有，尽可能在以后的某个时候（例如，下一次出现蚊子的时候）回到你的需求主题上来，让这些想法慢慢发酵。当然，这些启发只是我们内心世界和潜在动机的一扇小窗口，它们大部分都隐藏在我们的无意识之中。

为了不失去大方向，请将注意力集中在一些与自己生活相关的重要方面，尤其是那些你可以自己掌控的方面。通过需求四方形，你已经为目标明确的行动打下了坚实的基础，接下来你只需要去做正确的事情。因此，你需要具备一系列能力。当然，也许你已经具备了这些能力，只是还没有意识到而已。或者你可以继续学习，并问自己，如果想要被认真对待、得到关注、得到支持、受到重视，具体可以做些什么？除了现有的自我保护程序，是否有更好的策略加以补充或做出替代？我在这里提供的这些解决方案的示例，希望对你有所帮助。

正如这里对范例中尊重需求的分析，你完全可以尝试用不同的方法去分析所有的需求。首先，不要陷入老一套无效的行为模式。你要像你希望的那样在森林中呼唤，这样就会得到回声。其次，要友善地对待他人，关注他人，建立和维护与他人的关系，说一些好话，赞美他人，表达感谢，认可他人的成就，给他人提供支持（给予他人你自己希望得到的东西），然后明确立场，勇敢坚守自己的价值观，不要隐藏自己的光芒，勇于承担责任，不要轻易看不起他人，忍受偶尔的挫折……所有这些也会增强你的自尊心。那么，受此启发后，你还有什么其他想法吗？

提醒一下，在任何情况下，都要考虑以下方面：

1. 如果因为所谓的小事而动怒，请你自问：我需要什么？对方需要什么？或者我们两人在这种情况下真正需要什么？现在什么对我 / 他 / 我们的情绪最有益？是被认真对待吗？你对自己的感受和需求越关注，越能够感受他人的感受，就越不容易因琐事而发生争执。

2. 请注意当下的情境是否真的适合你来表达自己的意愿。你的需求是否与他人的痛点发生冲突？如果双方都试图以退缩或攻击性的方式保护自己，那么双方都处于妨碍解决问题的状态，并且问题会通过不断升级的紧张局势恶化。在局面恶化之前，请约定一个停止信号。

3. 在双方比较平静而且没有时间压力的时候，尽量定期与对你来说重要的人谈论彼此的愿望。在这个过程中不要相互指责，这只会激活各自的自我保护程序。

4. 请立刻开始行动，因为开始就是成功的一半（亚里士多德说的）。需求的平衡和适当的表达是一个持久的挑战，因为生活中没有什么是稳定的，必须不断重新去找平衡。

新的行动需要勇气，这就意味着要克服恐惧。为了帮助你迈出第一步，我想推荐你做一个小小的勇气测试：

练习"战胜自己"

做一些挑战自我的事情。比如，打一个电话，谈及拖延已久难以启齿的话题，打开心房，允许自己发表一次批评意见，承认自己的一个弱点或错误，说出自己一直没说出口的愿望。

发挥你的想象力，记录下所有的想法，然后进行选择。今天就尝试这个勇气挑战吧，也许你会发现它很有趣，然后你可能会渴望做更多的尝试。每一次战胜恐惧的微小成功都会增强你的自信心，因为勇气能够激发更多的勇气。

更好地分配精力和时间，去做让你真正感到满足的事情

当一个人意识到自己的生活被很多不重要的事情占据，而且这些事情影响到了自己的生活，那就是需要做出改变的时候了。例如，想象一下每天的文书工作或需要处理的大量电子邮件，这是日常的生活中不断增加的行政管理负担。如果生活能简化一些，就会有更多时间来做真正能够带来满足感的事情。因此，我们需要合理规划自己的时间。

通过探索自身，你就有机会逐渐调整自己的需求平衡，这样你就不会在错误的地方，用错误的方式为某事而奋斗，而可以更轻松地在其他方面，以其他方式来实现目标。这里的"更轻松"并不一定意味着投入更少的能量。但请记住，你所做的事情与你的能力、价值体系以及真正重要的需求越一致，它对你的幸福感就越有帮助。有针对性的努力和成功

的体验甚至可以成为你额外能量的源泉。

你了解自己的现状，也知道自己想要达到的目标。根据你感兴趣的主题，你现在掌握了通向内在平衡的有用指南。这些指南可以帮助你回答以下问题：

1. 你认为在哪些领域投入了太多的精力，而这些精力并没有可持续地满足重要需求？（参见第 118 页，现实状态下你的时间和精力分配与基本需求的关系表格。）

2. 鉴于你的基本需求，这些精力更应该投在哪些领域？（参见第 119 页，理想状态下你的时间和精力分配与基本需求的关系表格。）

3. 你的蚊子与大象这个话题展示出你的哪一种需求，它与哪一个另外的重要需求存在紧张关系？（参见第 209 页及之后，你的需求四方形。）

这样，你已经将生活中所有的重要领域收入视野中。就像一部相机，我们现在来尝试一下变焦功能。首先，拉近大象的特写镜头（第二章），然后用广角拍摄你的整体需求和精力分布（第三章）。

现在请聚焦生活中的一个领域，在这里你可以采取一些具体措施，以平衡你在需求平衡表中列出的两项需求。这样我们再次回到你的大象身上。如果你想更加重视与你的大象有关的需求，那么我建议你重新规划自己的时间、精力分配。

现在还有什么会影响你的精力分配呢？

我们已经探讨了你自身存在的一些障碍，并采取了一些措施来排除它们。这些障碍主要体现在你的自我保护程序中根深蒂固的观念和行为模式，以及你对自己和他人带有局限性的认知。

除此之外，还存在外在的障碍，你可能会受到一些现实问题的束缚。我们已经看到，这些障碍可能与基本需求有关，在职场领域，它们可能涉及经济安全、养老金、社会地位或对自己能力的认可；而在私人生活中，它们可能涉及你在家庭、朋友圈或俱乐部中的归属感。也许你不想错过其中任何一项，愿意为此付出时间和精力，尽管有时候你会觉得有点应付不过来。

当然，也有可能你暂时会接受需求的不平衡，因为对你来说，某种需求在当下是最重要的。例如，你正在准备一场重要的考试，你正在盖房子，你准备迎接新工作的挑战，你刚从身体状况差或疾病中恢复过来，你要抚养孩子、照顾近亲，总之，你要处理类似的临时优先事项。尽管目前你可能会错过一些事情，但由于你当时的承诺，你必须咬牙挺过这个艰难时期。然而，一旦特定的和以达到主要目标为目的的时期结束，重新走出这些单方面要求的框架就会更加重要。

怎样分配自己的时间、精力能让你更好地满足你关注的这两项需求？首先考虑一些你可以马上着手的微小变化。

你可以参考以下建议：

- 将一些任务分配给他人，更清晰地看待他人对你的某些期望。
- 每天早晨问自己一个问题：我今天可以为自己的身心健康做些什么？同时多留意日常生活中的小乐趣。
- 有时给予和接受一样美好。想一想，你是否可以让某人感到高兴或为他人提供帮助。
- 对那些"必须……"的想法保持质疑。
- 给自己一些休息时间或缓冲时间，为你自己充电。
- 尝试从你之前认为是浪费时间的某些活动中找到积极的一面。例如，割草可以锻炼身体，重新粉刷房间可以让自己身心愉悦，修理房屋证明你心灵手巧。
- 也许你可以尝试独自做某件事情，或者向和你趣味相投的人倾诉，你会发现对方其实能够理解你。
- 与你的伴侣或亲密朋友谈论你所期望的时间与精力分布图，尽可能做出改变的尝试。

接着，我仍要指出：

- 关注自己蚊子的同时也要关注他人的蚊子。当有人突

然情绪激动而又无法说清道明时，请考虑你要怎么做
能够让他平静下来，又或者试着对他说一句表示理解
的话。

然而，有时只有采取更好的措施才能对你有所帮助。你
应该思考以下问题：

- 你是否可以减少工作时间？也许你不应该再将工作带
  回家。或者，你是否希望换一份工作，因为工作要
  求不匹配你的能力，或者工作环境让你感到沮丧？
  你是否曾经了解过换工作的可能性，并在这方面有所
  尝试？
- 对于你来说，职场晋升有多重要？在职业生涯的下一
  个阶段，你是否能真正找到令你满足的东西，或者是
  否会失去一些重要的东西？随着你的职位升迁，空气
  会变得稀薄，孤独感也会增加。
- 你考虑过每周至少安排一天不工作吗？
- 有没有你想要了解的人？有哪些人与你失去了联系？
  什么原因导致你们彼此疏远？请试着邀请对方见面
  聚会。
- 你是否经常与对你并不重要的人见面？如果是的话，
  可以考虑减少这类社交，留出更多时间给真正重要

的人。

- 你是否失去了曾经的兴趣或爱好？你是否一直有想要尝试的爱好？也许你可以想想小时候的梦想。有什么事情今天仍然可以给你带来童趣和快乐？

- 你是否有冲动参与一项公益事业？与其他人一起做有意义的事情能让人感到自己是有价值的。

请记录下你的想法，让你所希望的能量分配和基本需求成为你的向导。最好根据你的选择为每周制订计划，按照"在接下来的几天里，什么对我有益，我如何实现它"的原则来制订计划。

基本需求	我能做什么

在几周之后，请再次思考关于你的基本需求的问题：

- 新的活动是否改变了重要需求的满足程度？
- 你的需求四方形中的两个需求是否以平衡的方式得到了满足？
- 这是否导致你的需求平衡表发生了变化？
- 你现在如何分配你的精力和时间？

请你重新评估：你在哪些领域的努力收效甚微，因此该减少哪些努力，或是完全放手？哪些领域值得你投入更多精力？

请从所有这些建议中选取适合你的部分并付诸实践。即便是小小的进步，也要予以足够的重视。

需求受到损害的情况将来也不可避免。通过上述的练习来准备应对这些蚊子，以便你不再重蹈覆辙，陷入消极的思维模式。总是设定正面的目标，明确你想要实现的目标以及未来的行动方式，不要用否定的方式（例如"我不想再表现得脆弱"），而是肯定的方式（例如"我想满足我的需求"，或是"我首先要保持距离"，或是"我想首先搞清楚问题的本质"）。

通过有针对性地主动行动，你可以避免陷入困境，并更快地找回平衡。将其视为对抗蚊子困扰的一种训练吧！每一次主动的行动都会促进你的自主性并增强你的自尊心。

"我能做到，只要我愿意！"这是美国著名心理学家阿诺德·拉扎勒斯（Arnold Lazarus）的一本自助小册子的标题。当然，这句话并不总是适用的，但你可以将其视为行动的动力。它与自主性的主题以及问卷中的答案相符。我再次将这些传达给你，是希望它们可以成为你行动的指导原则：

- 当我下定决心要做什么，我就会去做。
- 我可以独自做出人生中的重要决定。
- 我重视自己的需求。
- 我可以接受合理的批评。
- 我可以处理好自己和他人之间的关系。
- 我的行动可以产生影响。
- 我承认并接受我的局限性与弱点。
- 我尊重他人的需求。
- 我按照自己的价值观生活。

最后，我祝愿你通过这本书能够更好地了解自己和他人，时刻意识到自己的强项，尽量将你的精力投入到确实让你感到满足的地方，并更加恰当地处理生活中的大象。

致　谢

　　在书稿润色修改结束之际，经过几个月的深思熟虑后，我感到有必要向在本书两个版本的创作过程中鼓励和陪伴我的所有人表示感谢。

　　我要感谢沃尔夫冈·巴尔克（Wolfgang Balk），多年来我与他建立了深厚的友谊。正是因为他对我的心理治疗工作的高度赞赏，我才有勇气创建这个项目，从我的想法和愿望出发，将令人讨厌的日常琐事和其中隐藏的大象视为有益的生物，最终成就了一本书。他当时领导的出版社成员，特别是负责第一版的编辑卡塔琳娜·菲斯特纳（Katharina Festner）以及负责本次新版的编辑罗丝玛丽·麦兰德（Rosemarie Mailänder），在各方面给予我大力支持，对此我深表感激。麦兰德女士对这个主题的兴趣以及她对文本的深入理解，对

231

于这一版本的修订起到了重要作用。

我的同事爱娃·温德勒（Eva Wunderer）教授以她的专业知识修订了第一版的文本。我们的讨论给了我重要的启发。

我还要衷心感谢我的妻子兼同事马琳·席尔德迈尔（Marlene Schildmayer），她耐心地提供了许多想法和建设性的意见，并一直支持我。

我还要感谢我的朋友和同事，他们是汉娜·斯蒂尔（Hanna Still）、雷娜特·弗兰克博士、赫尔加·策勒（Helga Zöller）、莱因哈特·奥尔博士（Dr. Reinhardt Auer）和赫尔穆特·克勒博士（Dr. Helmut Köhler），他们对第一版的反馈对我非常有帮助。此外，在与海因里希·贝尔巴尔克（Heinrich Berbalk）教授关于基模治疗的研讨会和讨论中，以及我自己作为导师和研讨会导师的培训活动中，我还获得了许多思想上的灵感。

这本书的内容离不开我的来访者们，在近四十年的时间里，通过我们之间充满信任的对话，他们与我分享了这些生活经历和思考。亲爱的读者，现在我将它们传递给你，希望对你有所帮助。

北京市版权局著作合同登记号：图字 01-2023-5953

IN JEDER MÜCKE STECKT EIN ELEFANT

by Ernstfried Hanisch, with contributions by Eva Wunderer

Copyright © 2009 dtv Verlagsgesellschaft mbH & Co. KG, Munchen

Published by arrangement with dtv Verlagsgesellschaft mbH & Co. KG

through Bardon-Chinese Media Agency

Simplified Chinese translation copyright © 2024

by Beijing Xiron Culture Group Co., Ltd.

All Rights Reserved.

图书在版编目（CIP）数据

躲在蚊子后面的大象 / (德) 恩斯特弗里德·哈尼希，
(德) 爱娃·温德勒著；(奥) 杨丽，(奥) 李鸥译 . --
北京：台海出版社，2024.2（2024.8 重印）

ISBN 978-7-5168-3737-5

Ⅰ . ①躲… Ⅱ . ①恩… ②爱… ③杨… ④李… Ⅲ .
①心理学—通俗读物 Ⅳ . ① B84-49

中国国家版本馆 CIP 数据核字 (2023) 第 221938 号

躲在蚊子后面的大象

著　　者：［德］恩斯特弗里德·哈尼希　　［德］爱娃·温德勒
译　　者：［奥］杨 丽　［奥］李 鸥

责任编辑：王慧敏

出版发行：台海出版社
地　　址：北京市东城区景山东街 20 号　邮政编码：100009
电　　话：010-64041652（发行，邮购）
传　　真：010-84045799（总编室）
网　　址：www.taimeng.org.cn/thcbs/default.htm
E - mail：thcbs@126.com

经　　销：全国各地新华书店
印　　刷：河北鹏润印刷有限公司
本书如有破损、缺页、装订错误，请与本社联系调换

开　　本：880 毫米 × 1230 毫米　　　1/32
字　　数：139 千字　　　　　　　　印　张：7.75
版　　次：2024 年 2 月第 1 版　　　印　次：2024 年 8 月第 10 次印刷
书　　号：ISBN 978-7-5168-3737-5

定　　价：49.80 元